I0075928

EXTRAIT DES MÉMOIRES

LA BOTANIQUE,

LA CONCHYLIOLOGIE ET LA GÉOLOGIE

DANS LE MIDI DE LA FRANCE,

1835-1858,

PAR M. CASIMIR ROUMEGUÈRE,

Secrétaire de la 4ᵉ Section.

TOULOUSE,

IMPRIMERIE DE A. CHAUVIN,

RUE MIREPOIX, 3.

1859.

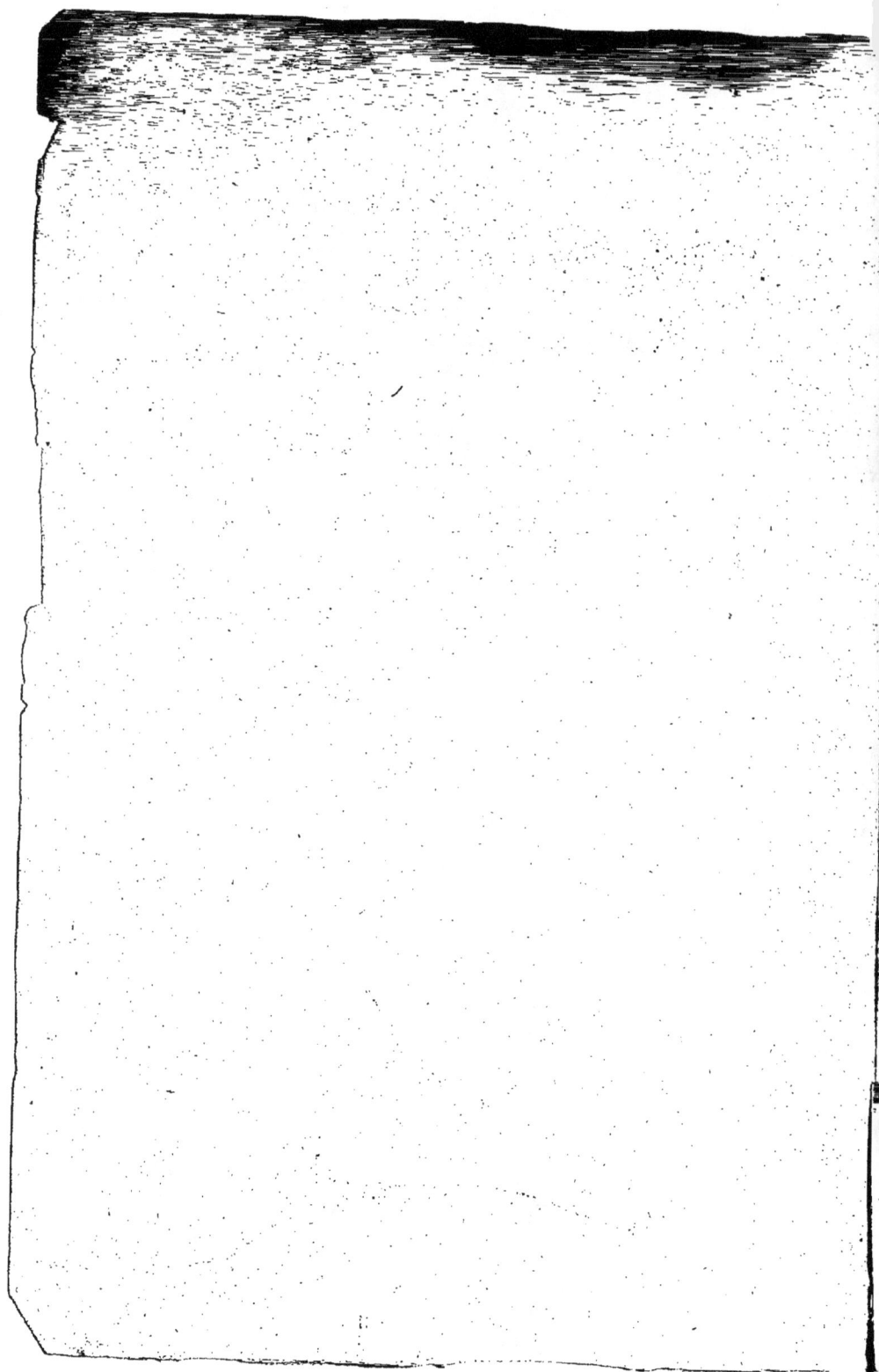

CONGRÈS MÉRIDIONAL.

SESSION DE 1858.

EXTRAIT DES MÉMOIRES.

(C.)

CONGRÈS MÉRIDIONAL.

SESSION DE 1858.

EXTRAIT DES MÉMOIRES.

LA BOTANIQUE,

LA CONCHYLIOLOGIE ET LA GÉOLOGIE

DANS LE MIDI DE LA FRANCE,

1835—1858,

PAR M. CASIMIR ROUMEGUÈRE,

Secrétaire de la 1re Section.

TOULOUSE,

IMPRIMERIE DE A. CHAUVIN,

RUE MIREPOIX, 3.

1859.

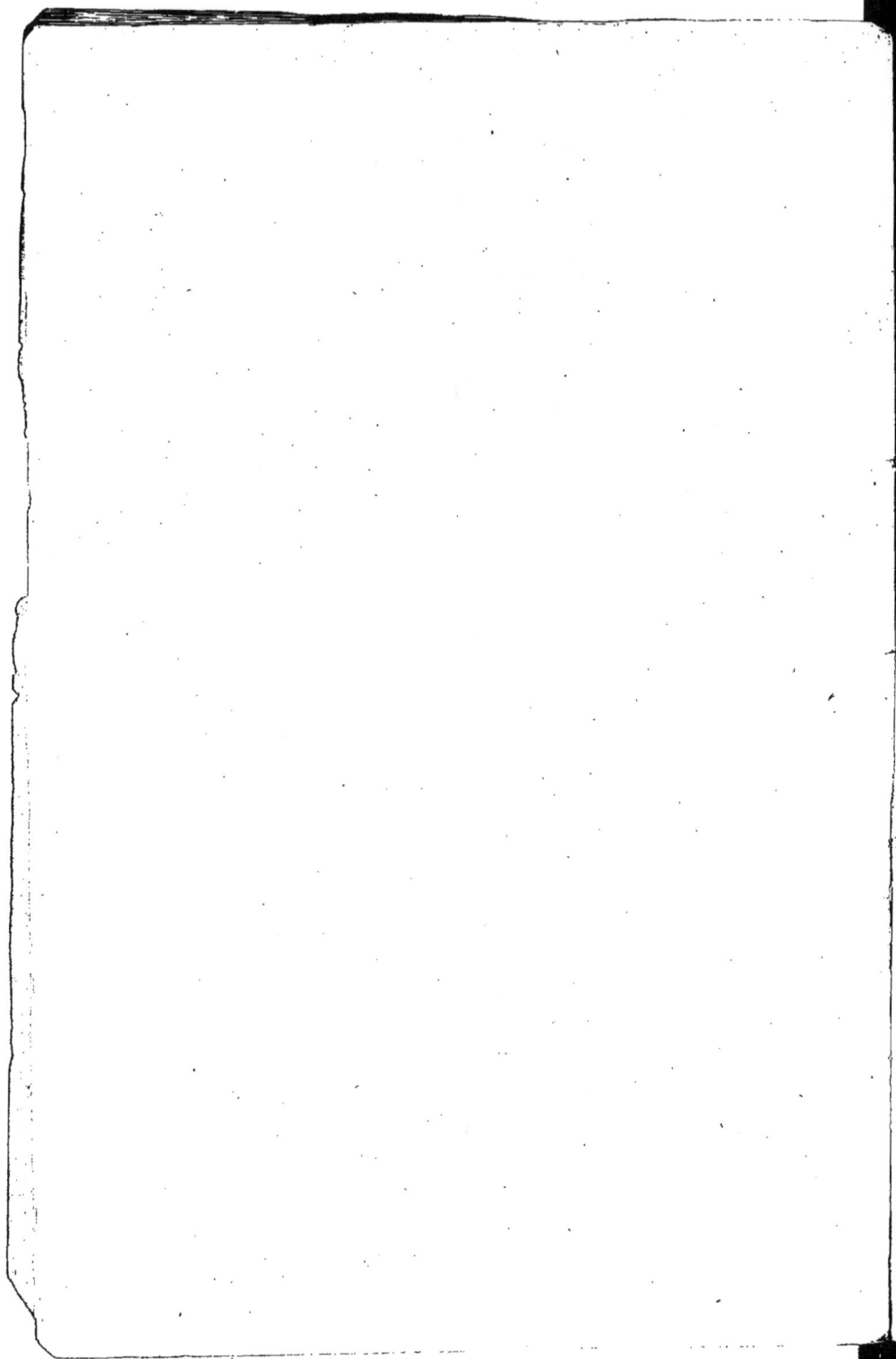

LA BOTANIQUE,

LA CONCHYLIOLOGIE ET LA GÉOLOGIE

DANS LE MIDI DE LA FRANCE,

1835—1858.

A la dernière session du Congrès méridional les sciences physiques, mathématiques et naturelles eurent pour rapporteurs MM. Pinaud, Brassine, de Quatrefages, Moquin-Tandon et Tournal. L'exposition de l'état des études et des progrès accomplis, rendue facile par la division de la tâche, fut pleine d'intérêt, suffisamment étendue et remarquable de lucidité, grâces à l'habileté et à l'érudition des organes de ces diverses branches scientifiques.

Le programme du Congrès de 1858 exigeait du secrétaire un exposé des progrès accomplis depuis 1835. Son résumé eût été assurément plus complet et plus favorablement accueilli, si les savants qui s'occupent des travaux compris dans la 1re section eussent pu lui venir en aide ou se charger, comme autrefois, de quelques fragments de ce rapport. Diverses circonstances se sont opposées à ce résultat, et la plus légitime est l'absence forcée, de

1

Toulouse, de plusieurs d'entre eux au moment de l'ouverture de notre session.

Informé seulement dès la réunion du Congrès, que j'étais chargé par mes honorables collègues de rédiger les délibérations de la 1re section, je n'ai pu consacrer que l'intervalle des séances à écrire ce résumé que la mission de secrétaire m'imposait le devoir de vous soumettre. C'est donc à la hâte que j'ai groupé les principaux faits se rattachant à quelques-unes des sciences dont nous avions à nous occuper, et je ne saurais trop insister, Messieurs, sur la situation qui m'était faite, pour ne pas compter sur votre indulgence. Quoique restreint aux trois sciences qui m'étaient le plus sympathiques, mon résumé ne peut qu'être rapide et parfois incomplet; d'une part, l'abondance des matières à discuter; de l'autre, la brièveté du temps réservé à leur examen devaient nuire aux développements que comportaient certaines découvertes et diverses publications importantes. C'est donc *à vol d'oiseau* que je vais esquisser la part du midi de la France dans les études botaniques, conchyliologiques et paléontologiques, vous réitérant la prière d'excuser toutes mes omissions involontaires ou forcées et l'absence de détails là où vous auriez désiré en rencontrer; votre secrétaire n'ayant pu ni entendu produire, *dans un délai de quatre jours*, une étude *in extenso*, mais faire seulement acte de bonne volonté et de soumission à notre programme.

BOTANIQUE.

L'exposé complet et raisonné du progrès de la botanique dans le Midi pendant une période de vingt-cinq ans remplirait un gros livre; la tâche serait au-dessus de mes forces, et la courte durée de notre session ne permettrait pas d'ailleurs de se livrer à un examen trop approfondi. Je me bornerai donc à indiquer, comme je le ferai successivement pour les deux autres branches scientifiques dont je dois vous donner un aperçu, les principales découvertes, ainsi que les plus importantes publications des botanistes méridionaux.

Il s'est formé à Paris, en 1854, une société qui a pris le titre de *Société botanique de France,* et qui compte aujourd'hui près de quatre cents associés, parmi lesquels figurent quelques-uns des plus illustres savants étrangers. Soixante-douze membres appartiennent au midi de la France. Dans un seul département, celui des Basses-Alpes, la société n'est pas représentée, mais la Haute-Garonne, la Gironde et l'Hérault fournissent, après le département de la Seine, le plus grand nombre de sociétaires. A l'imitation de la Société géologique de France qui depuis vingt-quatre ans explore les contrées les plus éloignées du lieu de ses réunions, la Société botanique a inauguré, en 1855, la série des sessions extraordinaires qu'elle tient annuellement. Strasbourg, Clermont et Montpellier ont été tour-à-tour le lieu de rendez-vous de l'exploration des Vosges, du mont Dore, du Cantal et du littoral méditerranéen. L'année prochaine, nous devons l'espérer, Toulouse et les Pyrénées seront le but de son voyage. Ces courses lointaines, en facilitant les relations directes et personnelles entre les divers membres de la grande famille scientifique, fortifient et resserrent les liens qui les unissent ; elles ont pour but d'asseoir la flore française sur les meilleures bases. C'est un véritable progrès que je devais constater tout d'abord.

La *Revue botanique* de M. Duchartre, destinée à propager la connaissance des travaux publiés en France et à l'étranger, n'a pas duré plus de trois ans, 1845-1847. — Avant la création de la Société botanique, cette science n'avait pas d'autre organe périodique, à Paris, que la série spéciale des *Annales naturelles,* dont l'importance se soutient toujours ; mais aujourd'hui, c'est de la Société botanique (comme le déclarait, il y a peu de jours, mon honorable confrère M. de Parceval, au Congrès des sociétés savantes) que part le mouvement scientifique ; c'est là que se produisent, dans des séances et dans un bulletin mensuel, des travaux d'une grande importance dont l'étendue n'excède pas certaines bornes.

Les sociétés académiques de Toulouse, de Perpignan, de Montpellier, et notamment celle de Bordeaux, continuent d'occuper le premier rang dans le cercle des publications des sociétés savantes du Midi. Les mémoires de la Société linnéenne de la Gironde comprennent vingt volumes où sont renfermés des ouvrages fondamentaux de la plus grande importance. Les cryptogamistes ne peuvent oublier qu'ils doivent à la bienveillante intervention de M. Durrieu de Maisonneuve : 1° la publication de la *Monographie des characées* de Walmann, traduite par le Dr Nylander et qui permettra d'attendre celle promise par le savant Al. Braun ; 2º *Le prodrome des lichens de la France et de l'Algérie*, rédigé par le célèbre botaniste suédois, et classé suivant de nouveaux principes qui sont généralement admis par les lichénologues de notre époque. Ce dernier ouvrage est un véritable monument élevé à la science lichénographique ; car au savant Dr Nylander revient le mérite d'avoir le premier osé accomplir la tâche devant laquelle ses devanciers avaient reculé, depuis la publication du *Botanicon gallicum* : débrouiller et rectifier la synonymie des lichens.

M. Pritzel a publié la plus récente et la plus complète bibliographie botanique, ainsi que le catalogue de toutes les espèces de plantes figurées depuis cent cinquante années. — L'*Encyclopédie des plantes* de M. Dietrich a eu une nouvelle édition des planches qui représentent 30,000 espèces environ. — Le quatorzième volume du *Prodromus* de Decandolle a paru. MM. Grenier et Godron ont publié, de 1848 à 1856, la *Flore de France*, dont le succès prouve assez le mérite, et qui renferme le tableau de la végétation phanérogamique de notre pays, mis au courant des découvertes les plus récentes. — M. Willkomm, dans ses *Icones plantarum criticarum et rariorum Europæ austro-occidentalis*, en cours de publication, a donné l'image coloriée des plantes nouvelles du midi de la France décrites dans les ouvrages de MM. Jordan, Moquin-Tandon, Grenier, etc. — M. C. Montagne a résumé, dans son *Sylloge generum speciorumque cryptogamarum*, etc., les travaux qu'il avait publiés depuis vingt-cinq années sur les cryptogames, et par lesquels il a consacré l'existence de plus de 80 genres nouveaux et le chiffre énorme de 1684 espèces, c'est-à-dire, à peu près le quinzième des plantes cryptogames cellulaires connues ; les champignons composent à eux seuls la moitié de ce *Sylloge*.

M. Schimper a complété, en 1857, la splendide *Bryologie d'Europe* par la monographie des Sphaignes, qu'il considère comme formant une famille à placer entre les Hépatiques et les Mousses. — Le *Traité des champignons*, de Paulet, commencé en 1793, ne fut terminé qu'en 1835. L'élévation du prix autant que la bizarrerie de la nomenclature avaient nui à la propagation de ce livre. M. Leveillé a fourni en 1845 un texte descriptif au niveau de la science moderne, qui concorde avec les 217 planches représentant 464 champignons coloriés. Cette nouvelle publication est en ce moment le plus important des ouvrages de mycologie. — M. Desmazières continue chaque année, dans les *Annales des sciences naturelles*, ses notices sur les plantes cryptogames inédites, récemment découvertes en France, qu'il publie successivement en nature dans le beau recueil connu sous le nom de *Plantes cryptogames de France*. Cette publication, à laquelle le Midi participe, forme un des éléments à utiliser pour l'édification de la nouvelle flore cryptogamique française.

M. Moquin-Tandon, rapporteur de la section de botanique du Congrès méridional en 1834, déclarait que « l'anatomie et la physiologie végétales étaient peu cultivées dans le Midi. » Si ces études difficiles n'ont pas progressé chez nous autant que la botanique descriptive, il est permis de dire cependant qu'il y a progrès; il suffit de parcourir les bulletins des sociétés locales, les *Annales des sciences naturelles* notamment, pour distinguer les beaux travaux de MM. Charles Des Moulins, Moquin-Tandon, Ch. Martins, Fabre, Planchon, Clos, etc.

M. J.-E. Planchon, l'heureux explorateur des Cevennes, continuant les recherches de Davy, de Decandolle, de Wahlenberg, de Watson, et celles plus récentes de Thurmann, sur les influences mécaniques et minéralogiques du sol dans le phénomène de la végétation, a essayé de démontrer, à propos des plantes des dolomies des départements du Gard et de l'Hérault, que l'influence minéralogique était prépondérante. Dans un second mémoire, où il a esquissé la végétation caractéristique des terrains siliceux de la même région, ce botaniste a admis les influences combinées du climat et de la nature du sol.

La géographie botanique a fourni le sujet de deux importants ouvrages dans ces dernières années. A peine M. Lecoq avait-il terminé son livre sur la distribution géographique des plantes de l'Europe, que M. Decandolle publia son *Traité de géographie botanique*.

La distribution des plantes dans le Midi, mise en question par le Congrès scientifique réuni à Toulouse en 1852, fut traitée par M. de Lavenelle à l'occasion de quelques plantes méridionales observées dans le Périgord; M. Lagrèze-Fossat fit une semblable communication pour le Tarn-et-Garonne et M. Clos pour l'Aude. M. Arrondeau émit le vœu de la rédaction d'une flore qui comprendrait tout le sud-ouest de la France, toute cette grande région géologique et botanique qu'on désigne sous le nom d'Aquitaine. En même temps, il communiqua un *Essai sur la topographie végétale des environs de Toulouse*. Un autre botaniste, qui se trouvait en communauté d'idées avec M. Arrondeau, préparait une étude descriptive des mousses et des lichens de cette région naturelle (1). Quelques années plus tard, il se formait à Bordeaux une société de naturalistes, vouée à la recherche des matériaux de la flore du sud-ouest, et dont les publications ont déjà justifié du zèle et du savoir de ses membres.

M. Gand publia en 1845 une description botanique et statistique des forêts de notre continent. Le bassin du Rhône, les contrées méditerranéennes et les Pyrénées représentaient les deuxième et troisième régions de la zône méridionale de son tableau.

Sous le titre modeste d'*Essai*, M. Victor Raulin a proposé dans un savant mémoire, contenant beaucoup d'idées nouvelles, la division botanique de la France en dix flores. Les quatre dernières, relatives au Midi, sont ainsi circonscrites et dénommées : *Région aquitaine*. Zône littorale, des Sables-d'Olonne à la frontière d'Espagne, zône des plaines et zône montueuse, au-devant de la partie médiane des Pyrénées, dans les environs de Lannemezan. *Région méditerranéenne*. Zône littorale, de la frontière sarde à celle d'Espagne ; zône des plaines et zône montueuse, dans les différents chaînons de la Provence et sur toute la bordure septentrionale de la région. *Région pyrénéenne*. Zône montueuse, zône subalpine et zône alpine, cette dernière de l'Orhi au Canigou. *Région alpine*. Zône des plaines, dans la vallée du Rhône, de Lyon à Montélimart, zône montueuse, zône subalpine et zône alpine. Pour chacune de ces régions, M. Raulin indique la nature du sol, l'élévation des principales chaînes, etc. L'auteur fait ensuite la division des espè-

---

(1) La commission permanente du Congrès se fait un devoir de rappeler que l'auteur de la *Monographie des mousses et des lichens du bassin du sud-ouest*, qui a remporté le prix de l'Académie des sciences de Toulouse, en 1857, est M. Casimir Roumeguère. Ce zélé botaniste se livre à l'étude des autres végétaux inférieurs de la même circonscription, qu'il s'est chargé de traiter dans la nouvelle flore cryptogamique de la France que prépare le savant Duby.

ces de plantes en cinq catégories, et cite une espèce vulgaire caractéristique pour chaque région. Ce travail est le développement de celui qu'avait précédemment publié M. Ch. Des Moulins, et dans lequel il n'établit que six grandes flores pour la France. *La flore des montagnes*, où sont groupées les Alpes et les Pyrénées, est représentée par les neuvième et dixième régions de M. V. Raulin, distinctes notamment par la différence des latitudes et des directions qui existent entre elles. Les deux auteurs sont d'accord sur la délimitation des flores des régions d'Aquitaine et méditerranéenne, et ces points de contact encore communs témoignent de l'exactitude qu'ils ont donnée à leurs classifications.

Une découverte du plus haut intérêt industriel, la greffe du chêne liége sur le chêne vert, est due à M. Joseph Torrent, cultivateur à Oms (Pyrénées-Orientales). Cette utile pratique s'est propagée avec succès, depuis 1847, dans les autres contrées méridionales. M. Rendu, inspecteur général de l'agriculture, vérifia par ordre du ministre les expériences de M. Torrent. Son rapport annonçait que les greffes de l'année précédente et celles de l'année même étaient admirables de beauté. Le gouvernement accorda à l'inventeur une médaille d'or à titre d'encouragement.

Malgré l'étrangeté de la transition et avant de passer à la botanique descriptive, je quitte la citation que je viens de faire d'une découverte botanico-industrielle pour vous amener vers la partie philosophique de nos travaux méridionaux.

Chargé de prononcer le discours d'ouverture de la séance publique de l'Académie des Sciences de Toulouse, le 30 mai 1847, M. le professeur Joly, si fécond en productions scientifiques d'un ordre élevé, prit pour sujet *l'étude de la nature physique et spécialement des sciences naturelles dans leurs rapports avec la poésie.* L'heureuse conception de cette étude, l'élégance dont elle brillait dans toutes ses citations captivèrent l'auditoire, et ceux qui eurent la satisfaction de l'entendre partagèrent cette opinion si bien développée par l'auteur, *que la nature est un magnifique poème et que les sciences qui s'y rattachent sont elles-mêmes pleines de poésie.*

Aux pensées grandioses, aux émotions profondes et graves que la géologie fait naître en notre âme, la fleur fait tout un contraste de poésie et de sentiment. La fleur, comme a dit Châteaubriand, est fille du matin, le charme du printemps, la source des parfums, la grâce des vierges, l'amour des poètes : elle passe vite comme l'homme, mais elle rend doucement ses feuilles à la terre; on conserve l'essence de ses odeurs; ce sont ses pensées qui lui survivent. Chez les anciens, elle couronnait la coupe du banquet et les cheveux blancs du sage; dans le monde, nous attribuons nos affections à ses couleurs, l'espérance à sa verdure, l'innocence à sa blancheur, la pudeur à ses teintes de rose; des nations entières l'ont choisie pour interprète des tendres sentiments : livre charmant qui ne cause ni troubles ni guerres, et qui ne regarde que l'histoire fugitive des révolutions du cœur !

BOTANIQUE DESCRIPTIVE. *Haute-Garonne.* Vers la fin du siècle dernier, l'Académie des Sciences de Toulouse avait projeté la publication d'un *Botanicum Tolosanum* qui n'a jamais paru. La première flore locale fut donnée par Tournon en 1811, ouvrage médiocre pour la botanique, mais offrant de bonnes observations sur les usages des plantes et une nomenclature vulgaire bien étudiée. En 1836, le goût de la botanique, propagé et mis en honneur parmi les élèves des écoles spéciales de Toulouse, d'abord par les leçons particulières de M. le Dr Noulet et ensuite par le cours public professé avec tant de distinction par M. Moquin-Tandon, rendait indispensable une nouvelle flore mise au niveau des connaissances de cette époque. Le catalogue de M. le capitaine Serres, renfermant environ mille plantes toulousaines, précéda d'une année la publication de la *Flore du bassin sous-pyrénéen*, donnée par M. le Dr Noulet en 1837. L'auteur put ajouter, en ce qui concerne les environs de Toulouse, quelques plantes à la liste de M. Serres, avec lequel il avait confondu d'ailleurs depuis plusieurs années ses découvertes autour de notre ville. En 1846, M. le Dr Noulet publia, sous le titre d'*Additions et corrections à la flore du bassin sous-pyrénéen*, un supplément précieux pour son livre. On retrouve depuis cette époque, dans les mémoires de l'Académie, diverses communications qui ajoutent à l'inventaire de notre flore spontanée. Plus récemment, en 1854, M. Arrondeau a publié une *Nouvelle flore toulousaine* comprenant les plantes locales et celles cultivées en grand aux environs de Toulouse, et, en 1855, M. le Dr Noulet, utilisant ses investigations soutenues et les recherches de ses collaborateurs, a donné une *Flore analytique de Toulouse et de ses environs.* Ce dernier ouvrage s'étend à une circonscription plus vaste qu'on ne serait tenté de le croire d'après le titre de l'ouvrage; car elle se développe du Gers au bord du Tarn, et du pied des Pyrénées au département de Tarn-et-Garonne. La *Flore analytique* se complète par la *Flore du bassin sous-pyrénéen* pour la description et la synonymie de la plante; elle est plus particulièrement destinée aux herborisations; les tableaux dichotomiques dont elle est accompagnée conduisent aisément à la détermination des genres et des espèces.

Ces divers ouvrages, excepté celui de Tournon, ne contiennent que la description des plantes phanérogames.

Le vénérable Chaubard, qui avait rendu son nom recommandable par la publication de la *Flore du Péloponèse*, avec la collaboration de M. Bory de Saint-Vincent (1832), et par la part si grande qu'il donna à la rédaction de la *Flore agenaise* (1821), n'a pas cessé, quoique dans un âge avancé, et jusqu'au moment de sa mort, d'appliquer ses facultés à l'étude des plantes. Son dernier travail, publié en 1854 sous le titre de *Fragments de botanique critique*, intéresse la flore phanérogamique méridionale et en particulier celle des environs de Toulouse. Il renferme 16 planches dessinées sur pierre par ce savant.

Dans l'*Histoire botanique du genre Viola*, M. Timbal-Lagrave a émis l'opinion que la violette de Parme, cultivée dans le pays toulousain et dont il se fait des envois considérables dans toute l'Europe, n'était pas originaire de Parme, mais que le type de cette violette existait à l'état sauvage dans les bois de nos contrées. Le même botaniste, qui s'est livré à des recherches sur les plantes hybrides, a signalé dans nos environs la présence de l'*Orchis simiopurpurea*, que M. Weddel avait trouvé à Mantes (Seine-et-Oise) et dont on ne connaissait pas d'autre habitat.

Le merveilleux était encore de notre époque, dans les environs de Toulouse, en 1849. Qui n'a pas entendu raconter l'histoire du chardon de Fenouillet? de cette plante miraculeuse, visitée par des milliers de curieux avides de constater les effets prodigieux qu'on ressentait à son approche. Ouvrez les journaux du temps! M. le Dᵣ Noulet mit trève à ces crédules légendes en expliquant que le cirse de Fenouillet n'était autre qu'un exemplaire gigantesque de cette monstruosité végétale connue sous le nom de *fascie*, expliquée dans la *Tératologie* de M. Moquin-Tandon, mais qui n'avait pas encore été citée pour le cirse lancéolé. La plante desséchée a été réunie aux collections de la Faculté des Sciences.

Le *Traité des champignons* qui croissent dans le bassin sous-pyrénéen, de MM. les Drs Noulet et Dassier, marqua la publication cryptogamique importante de l'année 1838. Dans ce bel ouvrage, écrit à la vérité pour les gens du monde, les auteurs s'étaient proposé d'énumérer les champignons de notre contrée réputés comme alimentaires, et de faire distinguer, à l'aide de descriptions et de figures, ceux reconnus comme insalubres. Je ne crains pas de dire que le succès de ce livre a été assuré dès sa publication et qu'il est encore pleinement soutenu. La simplicité de sa rédaction attire et dispose les esprits les moins habitués aux recherches scientifiques à trouver du charme à une étude grave par elle-même et que rendrait repoussante l'emploi d'un langage exclusivement technique. Dans le Midi, où le goût des habitants pour les champignons est poussé aussi loin qu'en Italie, il manquait un ouvrage réunissant les noms vulgaires des espèces comestibles et des espèces que l'on considère à bon droit comme nuisibles. Le livre de MM. les Drs Noulet et Dassier a rempli cette lacune.

En l'absence d'ouvrages ayant trait aux autres familles de plantes cryptogames de notre département, je me borne à noter une observation de M. C. Montagne, qui pourra être utilisée dans la future flore cryptogamique de la Haute-Garonne. Le savant botaniste parisien a cru reconnaître le *Telephora palmata* de Fries dans les diverses formes de champignons monstrueux recueillis en septembre 1855 par M. Léon Soubeiran, sur les poutres de soutènement des aqueducs de l'établissement thermal de Bagnères-de-Luchon. M. Reveil avait recueilli en 1854, dans la galerie souterraine des sources de Cauterets, les mêmes productions, qui ont permis d'étudier un des faits les plus intéressants de la tératologie mycologique.

Plusieurs collections botaniques ont été formées à Toulouse. En première ligne figure l'herbier normal de la Faculté des Sciences, augmenté par les soins de M. Moquin; l'herbier des Pyrénées de Lapeyrouse, acquis par la ville; l'herbier du Petit-Séminaire, créé par M. l'abbé Ratier; celui du collège Sainte-Marie et celui de l'Ecole de Médecine, dont la création est un des nombreux bienfaits de M. le professeur Filhol pour notre cité, et en particulier pour cet établissement public. En dehors des botanistes dont j'ai indiqué les principaux travaux, MM. Loret, Violet et Ferrière ont recueilli les plantes des contrées méridionales et de la chaîne des Pyrénées. L'herbier de Toulouse de M. Judicis est un rare modèle de recueil de plantes complètes et de types admirablement conservés. — Mon herbier phanérogamique renferme notamment la flore européenne, en partie recueillie par moi-même, et celle de diverses contrées étrangères que je dois à la générosité de près de deux cents correspondants. L'herbier cryptogamique de la région du sud-ouest, que j'entretiens avec sollicitude, contient près de dix mille types, auxquels j'ai réuni les fascicules classiques de la plupart des *Exsiccata* publiés ou en cours d'émission. M. de Flotow et le savant Schœrer, qui m'honorèrent longtemps de leurs relations, ont revu ma collection de lichens et l'ont annotée de leur main. Un de mes amis, M. Gabriel Reyniès, a bien voulu dans ces derniers temps faire connaître, dans une gracieuse notice, mes collections botaniques.

Gers. M. l'abbé Dupuy a publié un catalogue des plantes de ce département, dont il conserve les types dans l'herbier qu'il a formé à la bibliothèque du Petit-Séminaire d'Auch. — M. l'abbé Roux a signalé en 1845 la découverte, aux environs de cette ville, d'une plante française fort rare, le *Serapias tribolata* de Viv.

Tarn-et-Garonne. La même rareté de faits botaniques n'existe pas heureusement pour cet autre département. Avant l'année 1847, deux ouvrages déjà anciens étaient les seuls qui fissent connaître la végétation des environs de Montauban et du département de Tarn-et-Garonne : la *Flore* de Gattereau (1789), riche d'erreurs de détermination et d'habitats; celle de Baron (1823), ne mentionnant pas les stations des plantes. Mais à cette époque, un botaniste aussi savant que modeste, M. Lagrèze-Fossat, qui avait consacré douze années à l'exploration du département de Tarn-et-Garonne, publia à quelques différences près, sur le plan du prodrome de Decandolle, une *Nouvelle flore départementale*, qui a été citée depuis comme un excellent modèle à imiter dans d'autres circonscriptions. La synonymie, sans être complète comme elle l'est dans quelques grandes flores, est néanmoins suffisamment développée, en ce qui concerne notamment les espèces litigieuses. La nomenclature vulgaire y est bien étudiée et présente des matériaux importants pour la continuation d'une concordance parfaite avec la nomenclature scientifique. — Depuis la publication de son livre, l'auteur a signalé la découverte de plusieurs plantes de la localité qui avaient jusqu'alors échappé aux recherches des botanistes; quelques publications isolées et les actes du Congrès scientifique de 1852 constatent ce progrès. — M. V. de Martrin-Donos signala en 1852 une plante nouvelle à ajouter à la flore de France, la *Centaurea prætermissa*, de Martr., confondue par divers botanistes avec la *C. aspera* de Linnée, ou avec la *C. aspero-calcitrapa* God. et Gr. qu'il recueillit aux Albarèdes, près de Montauban, et ensuite dans diverses localités du Tarn. En réponse à la question n° 8 du programme de cette dernière réunion savante, qui avait pour but de provoquer des études de séminologie, M. Lagrèze-Fossat présenta un travail sur les graines des espèces qui composent le genre *Linaria* dans la flore de Tarn-et-Garonne. Depuis dix-huit ans, ce zélé botaniste s'occupe de séminologie; il possède déjà les graines mûres de près de deux mille espèces.

M. Durrieu de Maisonneuve, dans ses *Notes détachées sur quelques plantes de la flore de la Gironde*, qu'il publia en 1856, fit connaître une nouvelle espèce d'*Avena* (*A. Ludoviciana* D. R.), intéressante sous le rapport agricole en raison de sa ressemblance avec la folle avoine (*Avena fatua* L.), ce fléau des moissons. L'habile botaniste constata d'abord que les dispositions organiques de ces plantes facilitaient la chute des fleurs à l'époque de la maturité de la graminée, ce qui ne permettait de moissonner que la paille; il remarqua ensuite que les semences ne germaient que lorsque le terrain, après une année de jachère, ou plusieurs années de repos absolu, avait reçu la préparation convenable. Depuis ces observations, un botaniste distingué du Midi, M. Lagrèze-Fossat, s'est livré à une minutieuse expérimentation sur la reproduction des deux espèces d'*Avena* qui envahissent depuis longtemps les champs de Tarn-et-Garonne. Le *Moniteur des comices*, du 1er juin 1856, a rendu compte des résultats obtenus par M. Lagrèze-Fossat. Dans l'*Avena fatua* et l'*A. ludoviciana*, les grains supérieurs jouissent de la faculté de se conserver dans le sol sans germer; à 10 centimètres de profondeur, les trois quarts des graines d'*Avena fatua* qui ont germé, périssent pendant l'acte de la germination. — A une plus grande distance de la surface, la presque totalité des grains inférieurs de la même espèce et la moitié au moins des grains

supérieurs sont détruits : par contre, dans l'*A. ludoviciana*, le hui-
tième seulement des grains semés périt pendant la germination à
10 centimètres de profondeur seulement. Il résulte de là qu'avec
un assolement biennal on peut se débarrasser de l'*Avena fatua*
par des labours ne dépassant pas 10 centimètres ; mais avec le
même assolement il est impossible de détruire l'*A. ludoviciana*,
la moitié de ses graines se conservant sans germer au-delà de
10 centimètres et ne périssant pas dans l'acte de la germination
accompli à de plus grandes profondeurs (1). Ces expériences de
MM. Durrieu et Lagrèze-Fossat intéressèrent au plus haut degré les
agriculteurs du sud-ouest, car elles avaient plus qu'un intérêt botanique, du moment qu'il était avéré que l'*Avena ludoviciana* était
plus nuisible aux moissons que la véritable folle avoine qui occa-
sionne sans exagération, dans la récolte des céréales, un déficit
égal au dixième du produit d'une année moyenne.

Parmi les botanistes qui ont prêté leur savant concours à M. Lagrèze-Fossat, je mentionnerai le Dr Calvinhac qui avait étudié
avec fruit les plantes montalbanaises, et dont la perte a été aussi
vivement sentie parmi ses concitoyens qui étaient tous ses amis
qu'au sein de la Société des Sciences et Belles-Lettres dont il était
un des membres les plus assidus et les plus instruits. D'autres
firent part à M. Lagrèze-Fossat de leurs recherches, et se livrent
encore à la culture d'une science qui offre tant d'attraits ; de
ce nombre MM. l'abbé Dubon, de Saint-Nicolas-de-Lagrave ;
Dumolin aîné, collaborateur de Saint-Amans ; Fossat, docteur-
médecin ; Galabert, de Montauban ; Guillon ; Garnier ; de Martrin-
Donos, que j'aurai encore occasion de mentionner au sujet de
la flore du Tarn ; l'abbé Martiel, à Laguépie ; Montané, pharmacien à Moissac ; Izarn de Capdeville, possesseur de l'herbier
de son père, collaborateur de Gattereau, et qui fut comme
ce dernier longtemps en relation avec le célèbre Gouan ; le
Dr Bonaffé, qui conserve aujourd'hui dans son cabinet l'herbier
du premier floriste montalbanais. Gattereau négligeait malheureusement de noter sur les étiquettes de son herbier les localités où avaient été recueillies les plantes qu'il collectionnait. Il

(1) *Compte-rendu des travaux de la Soc. linn. de Bordeaux*, par M. le
Dr Cuigneau.

comptait trop sur les ressources de sa mémoire ; aussi, quand il écrivit son livre, il attribua à sa contrée un certain nombre de plantes qui appartenaient exclusivement à la Provence d'où il les avait rapportées.

Le musée d'histoire naturelle de Montauban possède l'herbier départemental donné par M. Lagrèze-Fossat (plantes phanérogames), et une collection de mousses et de lichens de la même circonscription, que j'ai détachée des types qui m'ont servi à écrire l'ouvrage couronné par l'Académie des Sciences. Heureux d'avoir pu donner à mes confrères de la Société montalbanaise, et aux personnes studieuses de ce beau pays, une faible marque des bons souvenirs que j'ai emportés de leur gracieux accueil pendant un séjour de deux années au milieu d'elles.

Lot-et-Garonne. Aucun ouvrage descriptif important n'a été publié dans ce département depuis l'apparition de la *Flore agenaise* de Saint-Amans, écrite en 1821 ; cette mention est toute à la louange de ce livre, qui est digne en tous points de figurer au rang des meilleures flores. La cryptogamie presque tout entière est de Chaubard ; elle comprend 92 espèces de mousses et 157 espèces de lichens, j'ai accru ces chiffres d'un tiers environ par mes recherches dans cette fertile contrée.

M. de Brondeau étudie depuis longtemps les champignons de l'Agenais, et il consacre avec un soin remarquable ses observations microscopiques et la représentation fidèle de l'individu qu'il examine dans un recueil iconographique qui devient tous les jours la base d'un ouvrage complet. En 1850, il publia une planche accompagnée du texte descriptif dans laquelle il représenta, avec de nombreux détails, le mode de végétation et de reproduction des genres *Helmisporium*, Link, et autres analogues déjà étudiés par M. Brongniart, dans son remarquable *Essai d'une classification naturelle des champignons*, et dont une espèce, le *Sporidesmium exitiosum* de Kühn, commune sur les colza de l'Agenais, a été signalée comme nouvelle par ce dernier botaniste. En 1855, le même savant décrivait deux hypoxylées du genre *Dothidea* qu'il avait rencontrées sur la vigne malade.

Sous le titre de *Fumel et ses environs*, M. Combes publia également, en 1855, des recherches géologiques, paléontologiques, météorologiques et botaniques renfermant l'énumération de quelques plantes nouvelles pour la localité et qui n'avaient pas été mentionnées par Saint-Amans.

MM. Ad. de Barrau, Jules Bonhomme et Maire continuent à être les heureux explorateurs de la végétation spontanée de l'*Aveyron*. Le collége Sainte-Marie, à Toulouse, possède un herbier considérable de plantes phanérogames, recueillies dans ce département par un botaniste qui fut longtemps en relations avec le professeur Nestler.

La végétation du département du *Lot*, imparfaitement connue malgré les listes de plantes que renferme la statistique de M. Delpon, a été mieux traitée dans le catalogue récent de M. Puel. Ce dernier ouvrage, suivi d'une table analytique pour la détermination des genres et des espèces, est épuisé et fait désirer une autre édition où seront probablement utilisées les recherches botaniques de mon regrettable ami feu Hérétieu.

M. Charles Des Moulins a ajouté à la liste nombreuse de ses ouvrages scientifiques la *Flore phanérogamique de la Dordogne*. Une liste des mousses de ce département a été publiée à Bordeaux en 1853, par M. de Montesquiou, dans un catalogue des productions végétales de trois départements qui avaient fait l'objet de ses recherches.

La flore méridionale et la flore lyonnaise en particulier ont reçu un heureux complément par les divers mémoires du Dr Jordan, publiés en 1846 sous le titre d'*Observations sur plusieurs plantes nouvelles, rares ou critiques de la France*, et par son *Pugillus plantarum novarum*, présenté à l'Académie de Lyon en 1852.

Gironde. Les faits relatifs à l'histoire de la botanique dans ce département, depuis vingt-cinq années, sont aussi nombreux que remarquables. La Société linnéenne a continué avec un zèle toujours grandissant l'étude des productions végétales indigènes de la Gironde, dont la flore est sans doute une des plus riches de la France. Cette compagnie a créé au-delà des mers des succursales correspondantes qui n'ont pas peu contribué au progrès de la science en général et à la richesse des collections actuelles de notre continent. En 1841, la ville de Bordeaux dut à M. Raymond Vignes, membre de l'Académie, la fondation de la Société d'horticulture. En 1842, M. Laterrade, botaniste du plus grand mérite, qui avait publié la première *Flore bordelaise*, fut chargé du Cours au Jardin des Plantes, et il donna en 1846 une quatrième édition de sa *Flore*, contenant la phanérogamie et la cryptogamie, livre précieux pour les bonnes descriptions caractéristiques, pour l'exactitude des stations, les propriétés et les usages des plantes, et l'indication de beaucoup d'espèces cultivées. Le but de ce livre était de vulgariser la botanique, et sous ce rapport il accomplit tout ce qu'il promettait. D'autres botanistes ont exploré des contrées moins étendues, quelques-uns les localités où ils avaient fixé leur résidence; les actes de la Société linnéenne témoignent de leurs vigilantes recherches. Dans l'arrondissement de Libourne, qui possédait autrefois un jardin botanique, il faut citer MM. Moyne, Joyeux, Douhet, de Rabar et Gilbert, pour les services qu'ils rendent à la flore du pays. M. Chantelat publia en 1844 le catalogue des plantes de la Teste, et M. Ardusset celui des plantes de l'arrondissement de Bazas. Le savant M. Ch. Des Moulins, que ses explorations botaniques dans toutes les contrées de la France mettent au rang des meilleurs floristes, a particulièrement étudié les productions des Landes et du littoral aquitanique. Il a publié notamment en 1845 un travail sur le *Sisymbrium bursifolium*; en 1851, une étude sur les genres *Erythræa et Cyclamen* de la Gironde; et en 1853, ses *Études organiques sur les cuscutes*, imprimées à Toulouse. — L'arrondissement de Lesparre a été souvent visité par MM. Périé, Terry et Monclin. La flore générale du département doit encore des découvertes à MM. le Dr Paillon, Testas, Charles et Louis Laterrade, Gachet et Legrand. — La *Cryptogamie tarbelienne*, cette intéressante publication de M. Grateloup, commencée en 1835 et qui devait compléter la *Chloris des Landes* de Thore et la *Florula littoralis aquatanica* du même auteur, n'a pas été achevée. Cette lacune est heureusement compensée par la belle étude de M. Delbos *Sur le mode de répartition des végétaux dans le département de la Gironde*, écrite en 1856, et déjà jalonnée au point de vue théorique et général par M. Ch. Des Moulins, dans ses trois mémoires *Sur les causes qui paraissent influer plus particulièrement sur la croissance de certains végétaux dans des conditions déterminées*. Dans une étude du même genre, qui date de 1854, M. Delbos admettait avec Thurmann que le sol influe sur la dissémination géographique des végétaux par ses propriétés physiques et non par sa composition chimique.

Les botanistes bordelais, désireux d'étendre leurs études à une circonscription définie naturellement, ont envisagé la vaste région du sud-ouest comme le champ de leurs explorations permanentes. Une société s'est formée, et les premiers travaux, publiés sous le titre de *Mémoires de la Société des sciences physiques et naturelles*, attestent des services qu'elle doit rendre à l'histoire naturelle des quatorze départements de cette région. Les *Documents pour servir à la flore du sud-ouest*, fournis par MM. Banon, Ramey, Brochon, Delbos, Musset, Comme, Laffont, Urgel, Dordet, de Montesquiou, Ferrand, Léon, etc., ont déjà enrichi depuis 1849 les flores de la Gironde, de la Charente-Inférieure, de la Dordogne, de Lot-et-Garonne, des Basses-Pyrénées et des Landes.

Le vénérable M. Laterrade, privé par sa santé et par son âge avancé de continuer les explorations dont il n'avait jamais auparavant redouté les fatigues, préparait dans son cabinet un nouveau supplément à la quatrième édition de la *Flore;* ses confrères et ses anciens élèves s'empressaient de lui apporter les matériaux qu'il ne pouvait plus aller recueillir. Ce supplément parut l'année dernière; il devait être aussi la dernière œuvre de cet ami des sciences, du fondateur de la Société linnéenne, dont le nom rappellera toujours une période marquante dans les progrès des études botaniques du département de la Gironde.

La ville de Bordeaux, si heureusement située pour recevoir, conserver et répandre les productions des deux hémisphères, a créé un nouveau Jardin des Plantes, sous la direction de M. Durrieu de Maisonneuve, le savant auteur de la *Flore de l'Algérie*. Depuis que ses nouvelles fonctions ont appelé M. Durrieu à fixer son séjour dans la Gironde, il étudie avec persévérance la flore de cette contrée, qui semble devenir inépuisable. Les mémoires de la Société linnéenne, où sont consignées les découvertes de M. Durrieu, justifient sur ce point mon opinion. Ainsi, ce botaniste a indiqué le premier la naturalisation à Bordeaux, sur les bords de la Garonne et de tous ses affluents, d'une graminée, le *Paspalum vaginatum,* Sw. Voué par prédilection depuis de nombreuses années à l'étude de l'attrayante famille des mousses, M. Durrieu a apporté en 1857 de nouvelles conquêtes à la flore girondine; et ce qui double leur intérêt, c'est que les espèces trouvées aux environs de Bordeaux sont généralement nouvelles pour la France. Telles sont les *Bryum Toz-*

2

zeri, Grev. ; *Hypnum Tesdalii*, Sm. ; *Potia Wilsoni*, Br. et Sch. ; *Phascum rectum,* Br. et Sch.; *Campilopus brevipilus,* Br. et Sch.; et *Bryum inclinatum,* Swartz ; *annuum,* Br. et Sch.; *Donianum,* Grev.

J'ai indiqué , à propos de la flore de Tarn-et-Garonne, la description d'une graminée signalée par M. Durrieu, l'*Avena ludoviciana,* confondue pendant longtemps avec l'*Avena fatua,* L. A côté de cette nouvelle plante, qui mérite à juste titre d'être considérée comme un véritable fléau, M. Durrieu signala dans ses mêmes *notes* une autre plante entièrement nouvelle, l'*Helœocharis amphibia,* D. R. , jusqu'alors confondue avec l'*H. multicaulis*, recouvrant les vases et les berges limoneuses de l'embouchure de la Garonne. La rapidité du développement de la nouvelle plante, sa puissance de végétation partout où on avait transporté ses rhizomes permirent à son heureux inventeur de la recommander comme très-utile pour protéger et consolider les terrains mobiles où toute autre végétation ne pourrait prospérer ; elle est aujourd'hui dans la Gironde un précieux moyen de venir en aide à la rectification du cours de certains fleuves dans quelques points particuliers.

Mme Dufrenoy, lauréat de la Société linnéenne, découvrit en 1850, dans les eaux du Larry, près de Guitres (Gironde), le *Chara stelligera*, Baüer, plante fort rare, dont les seules stations connues étaient Paris, Berlin et Bologne, fort éloignées, comme on le voit, l'une de l'autre. Six ans plus tard, cette plante intéressante était retrouvée par un jeune botaniste bordelais, M. Eug. Ramey, dans les marais de Bruges. Les échantillons de Mme Dufrenoy ont servi au savant cryptogamiste, M. Montagne, à constater un principe de botanique très-important. Je veux parler des nœuds amylophores des bulbilles du *Chara stelligera*, servant à la reproduction de cette plante. Le département de la Gironde semble réunir le privilége de posséder, dans la famille des charagnes notamment, plus de représentants que beaucoup d'autres contrées similaires, puisque en 1856 M. Durrieu de Maisonneuve signala l'habitat nouveau des *Nitella tenuissima, mucronata* et *connivens*, cette dernière n'ayant jusqu'alors été trouvée qu'en Afrique est acquise maintenant comme les précédentes à la flore girondine.

M. Docteur, botaniste que je n'avais pas encore mentionné, a étudié avec soin en 1855 le genre *Fumaria* de la flore bordelaise. Son mémoire élève à sept le nombre spécifique.

M. Lespinasse prépare depuis longtemps un travail monographique sur les algues marines et d'eau douce. Son expérience toute particulière et les nombreux matériaux qu'il a réunis nous donnent le droit d'attendre un étude importante.

Je ne dois pas omettre la découverte botanique provoquée par le concours pour le prix de la Société linnéenne de 1857. Cette compagnie avait demandé un travail complet sur les chênes de la région du sud-ouest de la France. Elle a couronné une classification générale de ces arbres présentée par M. J. Gay, dans laquelle on remarqua particulièrement la description de deux espèces jusqu'alors confondues sous le nom de *chêne liége* : le véritable chêne liége, *Quercus suber*, Linn, dont les fruits mûrissent en quatre à cinq mois ; le chêne occidental, *Quercus occidentalis*, Gay, mûrissant ses glands beaucoup plus tard, en quatorze ou quinze mois.

Avant de sortir de la Gironde, je dois mentionner deux herbiers historiques précieusement conservés dans le Musée de Bordeaux, et dont la notice de M. Lasègue ne parle point. Le premier est celui de Pierre Campaigne, docteur en médecine, formé en 1735. Il comprend 8 vol. in-f° ; on y compte 557 espèces du département. L'autre est celui du professeur Latapie et a été légué à la ville ; il est fort considérable et renferme 800 espèces du département. Il existe dans cet herbier 4 pages in-4°, imprimées à Bordeaux en 1792, sur une feuille du *Musa paradisiaca*.

Tarn. La science a perdu, il y a peu d'années, M. Doumenjou, auteur des *Herborisations sur la montagne Noire et les environs de Sorèze et de Castres* (1 vol. in-8°, 1847. Supplément, 1851). Il avait eu l'heureuse pensée d'envisager la botanique au point de vue poétique, car son livre contenait des lettres et des vers mêlés au catalogue des plantes de la contrée qu'il habitait. — M. Henri de Larambergue, qui étudie avec soin la flore du pays castrais, a décrit en 1855 un colchique de cette contrée, nouveau pour la France. — M. Rossignol a signalé quelques plantes cryptogames des environs de Montans. — M. Timbal-Lagrave, continuant ses recherches sur les plantes hybrides, fit connaître en 1855 deux *Serapias* nouveaux, le *S. longipetalo-militaris*, Timb., trouvé au vallon des Epargues et conservé dans l'herbier de M. de Martrin-Donos, et le *S. linguo-laxiflora*, Timb., de la même localité, trouvé par M. de Larambergue et conservé dans l'herbier de M. de Pomaret.

Depuis plusieurs années, M. de Martrin recueille les matériaux d'une flore complète du Tarn. On doit donc espérer de voir bientôt paraître ce livre, marqué du cachet d'exactitude et de clarté qui caractérise toutes les productions de cet habile botaniste.

Aude. La statistique du baron Trouvé contient une liste des plantes spontanées de ce département; quoique fort incomplet, ce tableau n'a pas encore été remplacé par un travail d'ensemble de quelque importance. Lapeyre, mon regrettable ami, mort en 1848, avait étudié avec soin la famille des graminées. Il avait recueilli toute la flore des environs de Carcassonne, et en particulier celle de l'île Sainte-Lucie, près de Narbonne; il avait en mains les matériaux d'un bon ouvrage qu'il aurait assurément publié, si la mort ne l'eût enlevé à la fleur de son âge. L'herbier de l'Aude est conservé à Toulouse par son père, qui fut l'ami et le collaborateur de Tournon.

Sous le titre d'*Herborisations dans le midi de la France*, M. de Martrin-Donos a publié en 1854 le récit de ses excursions aux environs de Narbonne, de Perpignan et de Molitz. L'auteur signale quelques plantes nouvelles dont il donne la description. Deux ans plus tard, le même botaniste découvrit à Lafenal, près de Narbonne, le *Glaucium aurantiacum*, nouvelle espèce pour notre flore.

La patrie classique des *Statice* et des *Cistes* a perdu un de ses explorateurs les plus zélés, le savant Delort-Mialhe; mais Narbonne possède depuis, parmi ses hôtes botanistes, M. Maugeret, directeur du télégraphe électrique, qui maintient et fait progresser le goût des plantes. Parmi les découvertes récentes de M. Maugeret, je signalerai le remarquable *Scorzonera crispa*, transporté accidentellement de Crimée.

Hérault. M. Esprit Fabre, observateur patient et éclairé, dirige la petite colonie de botanistes d'Agde. Il a signalé dans ces dernières années plusieurs nouveautés pour la flore française. M. le Dr Theveneau s'est voué à l'étude de la flore exotique accidentelle des environs d'Agde et de Béziers, dans les localités consacrées à l'étendage et au lavage des laines d'Afrique. MM. Blanc et Braun, officiers supérieurs retraités en résidence à Béziers, partagent avec M. Theveneau les honneurs des explorations botaniques dans cette portion du département. Leurs collections ont atteint une importance peu commune; c'est à l'un d'eux qu'est due la découverte à Roquehaute de l'*Iris xyphium*.

La flore de Montpellier, en dehors de la science officielle, est explorée avec succès par divers amateurs. M. Philibert, professeur au Lycée, recueille les plantes cryptogames et n'a encore aucun concurrent à Montpellier dans cette étude si négligée et néanmoins si intéressante. Des étudiants en médecine, MM. de Seynes, Gros, Gustave Planchon; des amateurs, MM. Bimar, Sahut, Jeannel et Bazile, sont les habitués des herborisations que dirige avec un zèle infatigable M. le Dr Touchy, conservateur des herbiers de la Faculté de Médecine.

Je viens de nommer l'explorateur par excellence de la flore locale, M. le Dr Touchy, qui récolte sans cesse la flore exotique dominant la flore indigène dans les étendages du port Juvénal. Les recherches de ce botaniste et les matériaux réunis par le savant et regrettable Delille ont permis à M. Godron d'écrire le *Florula juvenalis*. M. Touchy découvrit pour la première fois en 1855 l'*Acorus calamus* dans les marais de Grammont.

Le célèbre Dunal est mort en 1856, laissant inachevée une flore du département de l'Hérault, dont il s'occupait depuis environ vingt années, pour laquelle il avait réuni de précieux matériaux, et dont la partie cryptogamique était déjà presque entièrement rédigée. Ses manuscrits et ses collections, réunies aujourd'hui à la bibliothèque de la Faculté des Sciences, grâces à la munificence de M. le ministre de l'instruction publique, permettront à un de ses habiles confrères d'élever ce nouveau monument à sa gloire et de donner une légitime satisfaction aux nombreux amis de la botanique dans cette région où la culture de la science est demeurée traditionnelle. — M. Charles Martins a donné en 1854 l'histoire et la description du Jardin des Plantes de Montpellier, créé par le vénérable Richer de Belleval. — Le catalogue des graines, que publie tous les ans l'administration du Jardin des Plantes, a été augmenté en 1855 du catalogue des plantes spontanées des environs de Montpellier, dont on a recueilli les graines en faveur des botanistes du Nord. — La botanique appliquée doit enregistrer une publication intéressante de M. C. Martins, relative aux effets de l'hiver de 1853 à 1854. Les observations consignées dans ce mémoire mettent en évidence ce fait important, que l'action physique du froid sur les plantes est fort différente dans le midi et dans le nord de la France.

La physiologie, l'anatomie, la morphologie et la paléontologie végétale ont été illustrées à toutes les époques à Montpellier, dans cette patrie classique et privilégiée de la botanique. Depuis la perte de Delille et de Dunal, ces glorieux héritiers des traditions et de la gloire des Jussieu et de Decandolle, des travaux remarquables ont été publiés ; j'énumèrerai rapidement les plus récents. Dans sa note qui a pour titre : *Floraison de l'Agave americana*, M. Ch. Martins a posé des règles nouvelles relativement au développement de la hampe, à la floraison, à l'accroissement de la plante et à l'action que lui font subir la chaleur et la lumière. Le même auteur a établi les calculs de température utiles aux végétaux dans son *Mémoire sur la somme de chaleur nécessaire à la floraison du Nelumbium*.

MM. Planchon ont étudié les mouvements rhythmiques des feuilles de diverses légumineuses, qu'avait expliqué mécaniquement Charles Bonnet, et que Valerius Cordus avait remarqué dès le seizième siècle. — M. J.-E. Planchon a fait connaître la structure anatomique des *Nelumbium*. Le même botaniste, observant l'anatomie des tiges, des racines et de leurs organes de succion, a reconnu dans l'*Osyris alba* le même mode de parasitisme dénoncé pour les *Thesium*, qui vivent, au moyen de suçoirs, sur les racines de diverses plantes.

La question des *Ægylops triticoïdes*, qui a donné lieu à une savante polémique, n'est pas encore vidée au profit de la vérité. Voici en peu de mots les faits. M. Fabre remarqua que deux plantes très-différentes d'aspect naissaient parfois d'un même épi d'*Ægilops ovata* ou d'*Æ. triaristata* : l'une, identique au pied mère ; l'autre, à épi plus allongé, à épillets plus nombreux, à arêtes des glumes réduites à deux, à ovaires fréquemment stériles. Cette dernière forme avait été nommée par Requien *Ægylops triticoïdes*. Dans la deuxième période de ses observations physiologiques, M. Godron, heureusement inspiré, prouve par ses expériences que la plante du savant avignonais est une hybride ; car il l'obtient des graines des *Ægylops ovata* et *triaristata*, fécondés par diverses variétés de blé. M. J.-E. Planchon confirme la découverte de M. Jordan par des essais de culture répétés à Montpellier pendant deux années, et les publie en 1857 dans sa *Note sur les Ægylops*. M. Groenland obtient les mêmes résultats de ses expériences chez M. Vilmorin, à Paris. Les difficultés ne commencent, comme le dit M. E. Planchon, que lorsqu'il s'agit de la plante que M. Esprit Fabre prétend avoir fait dériver par la culture des graines de l'*Ægylops triticoïdes* spontané. Cette plante ressemblait au blé, au point que l'illustre Dunal s'était cru en droit de conclure que c'était un blé véritable. Tenant avec la majorité des botanistes cette opinion pour inexacte, M. E. Planchon ne partage pas l'avis de M. Jordan, qui veut reconnaître la plante comme espèce légitime sous le nom d'*Æ. speltæformis,* et qu'il suppose d'ailleurs avoir été recueillie accidentellement par M. Fabre aux environs d'Agde. De nouvelles fécondations croisées permettront plus tard, il faut l'espérer, d'éclaircir le débat contradictoire. Jusqu'alors, il est prudent de réserver toute affirmation positive.

M. Touchy, dans sa *Note sur divers modes d'hypertrophie chez les végétaux,* a exposé ses trois groupes tératologiques ingénieux : rachitisme, nielle et difformités par cause fongique. Enfin, M. Gustave Planchon, dans sa *Note sur la flore quaternaire des tufs calcaires de Castelnau,* a démontré un fait intéressant pour la palæontologie végétale de l'Hérault, car ses descriptions témoignent que toutes les empreintes appartiennent à des plantes vivantes.

La Société botanique de France a tenu l'année dernière sa deuxième session provinciale à Montpellier avec le concours d'un grand nombre de botanistes français et étrangers. Le port Juvénal, le fameux pré aux Laines, les Garrigues, Grammont, les plages de Maguelonne, les eaux de Pérols, Cette et sa montagne, Agde et ses rochers volcaniques, Saint-Guilhem-du-Désert et le pic de Saint-Loup ont été successivement explorés par la Société, et le résumé de la fête scientifique des récoltes et des découvertes de la végétation de ces intéressantes contrées a été publiée par MM. Paul Marès, J.-E. Planchon et Touchy. — La bibliographie botanique s'est enrichie en 1853 de la découverte des dessins originaux des algues des environs de Montpellier, que Ducluzeau n'avait pas eu le temps de faire graver pour être joints à son mémoire, ainsi que du recueil des plantes de Broussonnet. Ce savant naturaliste avait résidé à Tanger, à Salé, à Mogador, au Maroc et à Ténériffe, recueillant et décrivant les productions végétales de ces contrées. A son retour à Montpellier, il fit dessiner par Node-Véran toutes les plantes relatées dans son manuscrit, et c'est ce recueil important de dessins inédits exécutés à la plume avec une rare perfection, qui passa successivement des mains du chanoine Durand dans le cabinet du Dr Calvignac, et de là dans mes collections. — La Faculté des Sciences de Montpellier conserve l'herbier de Salzmann, contenant la flore d'Europe, les plantes de Tanger, de Corse, de Bahia (Brésil), du Cap, etc.; l'herbier de Dunal; l'herbier d'Auguste Broussonnet. L'herbier d'Egypte, de Delille, commencé en 1798, et renfermant les plantes types décrites dans la *Flore* de ce botaniste, est placé dans le conservatoire de l'Ecole de Médecine. Les Plantes du célèbre Magnol sont en la possession de M. Bouchet à Montpellier. — L'herbier d'Adanson, qui a servi de base au remarquable ouvrage sur les *familles des plantes*, fait partie du musée de M. Doumet à Cette. Celui de Séguier, contenant les plantes d'Italie, se trouve à la bibliothèque publique de Nîmes, et l'on voit à Avignon l'herbier de Requien, très-riche en plantes phanérogames d'Europe.

Gard. La flore de Nîmes et celle des Cevennes comptent plusieurs zélés explorateurs, parmi lesquels je mentionnerai d'abord M. de Pouzols, qui publie, avec le concours du Conseil général, une *Flore départementale*, dont la première partie, imprimée depuis 1856, révèle de consciencieux travaux et des localités intéressantes. Le savant Delille avait dédié à l'auteur de la *Flore du Gard* un ciste, le *C. Pouzolzii*, qui ne s'est guère échappé de la localité où M. de Pouzols le rencontra pour la première fois. M. Mingaud, de Saint-Jean-du-Gard, étudie avec soin les végétaux inférieurs des riches montagnes des Cevennes; il est ardemment secondé sur un autre point par M. le Dr Martin, d'Aumessas, qui consacre à la récolte et à l'étude des plantes les loisirs de son honorable profession. Je ne peux omettre de mentionner M. l'abbé Gonet, à qui l'on doit la découverte de la *Passerina tinctoria*, à la chartreuse de Valbonne, seule localité où cette plante soit connue en France.

Bouches-du-Rhône. Le tableau de la flore provençale, tracé par Gérard, a été suivi du catalogue des plantes marseillaises de M. le Dr Castagne. Ebauche d'une flore plus complète à écrire, et néanmoins indiquant des richesses botaniques aux environs de Marseille, que les agrandissements récents de la cité, la création du nouveau port et la dévastation du Lazaret ne permettraient point d'y puiser aujourd'hui dans leurs stations primitives. La bryologie marseillaise n'est représentée dans l'ouvrage de M. Castagne que par 28 espèces, et cette pauvreté botanique est d'autant plus extraordinaire que Marseille réunit, on le sait, les conditions exceptionnelles de richesses qu'on trouve dans tous les ports maritimes. — M. Sarrat de Gineste a fait, depuis qu'il réside à Marseille, pour la flore de cette contrée ce qu'il avait fait pour la nôtre ; et avec le concours de MM. Derbès, Roux et Blaize, il prépare la *Florula massiliensis,* dont la partie cryptogamique a atteint déjà par ses recherches un nombre spécifique triple que celui dénoncé dans la publication du Dr Castagne. Ce dernier botaniste, décédé depuis peu, se proposait de compléter son catalogue ; il n'en a pas eu le temps. Son herbier, sa bibliothèque et ses manuscrits font aujourd'hui partie du cabinet de M. Derbès.

MM. Derbès et Solier ont étudié les algues de la Méditerranée et préparé une nouvelle classification de cette famille botanique ; leur important mémoire physiologique a obtenu en 1850 le second prix de l'Académie des Sciences de l'Institut, qui avait proposé la question suivante : Etudier les mouvements des corps reproducteurs ou spores des algues zoosporées et des corps renfermés dans les anthéridies des cryptogames, telles que les mousses, hépatiques et fucacées. — M. Solier a décrit plus récemment le nouveau genre *Ricardia,* qui vit en parasite sur le *Laurencia obtusa* de la Méditerranée. — M. William Smith, professeur au Collége de Cork (Angleterre), étudia les diatomées du midi de la France en 1855 et publia un mémoire descriptif de ces plantes difficiles. Tandis que la flore phanérogamique du midi de la France diffère tellement de celle des îles britanniques, que l'observateur le plus superficiel ne peut qu'être frappé de sa nouveauté, dit l'auteur, les diatomées de ses cours d'eau et de ses lacs, ainsi que de la portion de la Méditerranée qui baigne ses côtes, sont presque identiques avec celles de nos pays plus septentrionaux.

Var. M. Germain de Saint-Pierre a publié, sous le titre d'*Observations sur l'état de la végétation aux environs d'Hyères pendant les mois de décembre 1856 et de janvier 1857,* des notes intéressant la flore locale, les plantes cultivées en pleine terre, et particulièrement les plantes tropicales, l'organographie et la tératologie de la végétation de cette contrée privilégiée du Midi, que l'auteur appelle fort spirituellement *une serre chaude à ciel ouvert.*

Pyrénées. Depuis la publication des ouvrages de Lapeyrouse, de Bentham, de Spruce, etc., la végétation de la chaîne des Pyrénées a attiré l'attention de presque tous les botanistes d'Europe ; son exploration est encore le but de toutes les courses scientifiques de quelque durée, et l'observateur privilégié n'épuise jamais le jardin botanique sans cesse capricieux et renaissant qu'elle renferme. La partie orientale qui est baignée par la Méditerranée éprouve les effets des latitudes des climats méridionaux et septentrionaux, et offre par cette raison une abondante moisson de plantes maritimes, alpines et exotiques acclimatées. Vers 1838, un jeune botaniste romain, M. Bubani, que les évènements politiques de son pays avaient porté à chercher un asile en France, consacra toute son activité et son talent spécial à l'étude de la flore pyrénéenne. Un séjour de plusieurs années parmi nous, le recensement de toutes les collections et de toutes les bibliothèques, de nouveaux voyages successivement accomplis et dans tous les sens vers notre chaîne de montagnes, après même que la patrie l'eut rappelé dans son sein, permirent à M. Bubani de réunir les matériaux d'une flore générale aujourd'hui impatiamment attendue.

Je vais indiquer dans l'ordre des dates les principaux faits qui se rattachent à l'histoire de la botanique des Pyrénées.

Dès l'année 1839, M. Duchartre s'était appliqué à l'étude des plantes obscures ou mal décrites; il proposait notamment de réunir les *Saxifraga stellaris*, Linn., et *Clusii*, de Gouan. Il publiait deux fascicules de plantes critiques desséchées. (Cette publication n'a pas été continuée.)

M. Ch. Des Moulins fit connaître, en octobre 1840, l'*Etat de la végétation sur le pic du Midi de Bigorre*.

Le savant Léon Dufour, l'un des naturalistes les plus distingués de l'Europe, a ajouté au catalogue de Spruce, en publiant en 1847, dans ses *Souvenirs et impressions de voyage*, le *Bouquet bryologique des Pyrénées*, catalogue des principales mousses de la région froide et des neiges.

On dut à la même époque au Dr Campanyo, l'*Itinéraire de quelques vallées du département des Pyrénées-Orientales*, suivi du catalogue des familles naturelles des plantes observées dans cette contrée.

M. le professeur Bonafos, dont tous les botanistes regrettent la perte récente, décrivit en même temps, dans les mémoires de la Société académique de Perpignan, deux nouvelles et élégantes génistées, qui croissent dans le bois de chênes d'Oms et sur le plateau de Reigella.

Le Congrès scientifique de France inséra la question suivante dans le programme de sa session, tenue à Toulouse en 1852 : Un savant botaniste travaille depuis plus de quinze années à la flore phanérogamique des Pyrénées (on entendait parler de M. Bubani). Quel est l'état des travaux entrepris jusqu'ici pour rassembler les matériaux de la flore cryptogamique de cette chaîne de montagnes?

Les recherches de MM. Moquin-Tandon, Sarrat de Gineste, Arrondeau et les miennes étaient connues, mais aucun de nous ne les avait encore mises au jour. Le catalogue manuscrit des mousses de la Haute-Garonne, où sont relatées beaucoup d'espèces de nos montagnes, à cause du large pédicule pyrénéen de notre département, m'a été récemment remis par mon honorable et savant ami M. Moquin-Tandon. Cet intéressant travail rentrera dans la monographie des mousses et des lichens, dont la partie iconographique occupe aujourd'hui tous mes instants, le texte étant achevé depuis 1856.

M. de Parseval-Grandmaison a recueilli en 1852, au lac de Gaube, dans les Hautes-Pyrénées, le *Kobresia caricina*, plante alpine exclue par MM. Grenier et Godron de la flore de France.

M. Timbal-Lagrave a dédié en 1854, à M. le professeur Filhol, une plante pyrénéenne, le *Galeopsis filholiana*, dont M. Gay suspecta l'origine. Le fait de l'apparition sur un point très-élevé des Pyrénées d'une plante propre aux terrains jardinés qui avoisinent nos habitations doit avoir une certaine importance.

Les pérégrinations fréquentes auxquelles M. Lézat s'est livré pour exécuter le plan en relief des Pyrénées lui ont fourni l'occasion de recueillir les plantes des contrées les plus inaccessibles où il avait besoin d'appliquer ses instruments de calcul. Il a donc été à même de faire de bonnes observations et de recueillir des matériaux intéressants pour la géographie botanique. Le fait suivant, s'il n'explique pas l'habitat du *Galeopsis filholiana*, le rend du moins plus croyable. M. Lézat rapporta en 1855 de la montagne de Bassicé, frontière espagnole, un *Scleranthus* que M. Timbal reconnut être le *S. polycarpos*; cette plante, comme on le sait, est caractéristique de la zône méridionale, d'où on ne l'avait pas encore vue s'échapper.

Le même botaniste a essayé, à la même époque, de réhabiliter comme espèce le *Ranunculus tuberosus* établi par Lapeyrouse en

1813; et qui ne se trouve indiqué dans aucun des ouvrages écrits postérieurement sur la flore des Pyrénées, ni dans les flores de France.

M. Boutigny, qui étudie la végétation du département de l'Ariége, a décrit une nouvelle espèce d'*OEtionema* propre au roc de Montgaillard, près de Foix.

M. l'abbé de Lacroix, poursuivant les recherches de Bergeret sur les plantes des Basses-Pyrénées, a publié en 1855 un mémoire qui a pour titre : *De la botanique et de quelques plantes curieuses aux Eaux-Bonnes.*

M. Léon a écrit le catalogue des plantes du bassin de l'Adour, comprenant Dax et Bagnères pour points extrêmes.

M. Durrieu de Maisonneuve, l'infatigable explorateur des Pyrénées espagnoles, des Asturies et de la côte d'Afrique, a recueilli en 1856, au sommet du port de Vénasque, une *Andrea* nouvelle pour la flore française, qui depuis en compte quatre.

M. Roger d'Ostin publia à Tarbes, dans la même année, deux centuries de mousses pyrénéennes, dans un format si réduit que ses fascicules ne purent être d'aucun secours pour l'étude. Ce botaniste préparait, quelques jours avant sa mort, le *Tableau de la distribution géographique des fougères, jungermanes, mousses et lichens de la flore de France*, qui n'a pu paraître.

Le travail de révision critique et synonymique que M. Clos a publié en 1857, avec la collaboration de M. Loret, touchant l'herbier de Lapeyrouse, M. Timbal-Lagrave l'a également entrepris pour l'herbier du Dauphiné de Chaix. Dans l'un et l'autre herbier existaient des plantes dont la valeur spécifique était contestée, omises par ce motif dans les flores qui ont suivi celles de Lapeyrouse et de Villars, qui ont disparu de leurs premières stations où peut-être même qui n'y ont jamais existé; un grand nombre d'autres étaient dans un état de dégradation tel qu'il devenait difficile d'établir une concordance avec les descriptions des auteurs. Les recherches de MM. Clos et Timbal ont été utiles aux botanistes qui étudient les flores alpine et pyrénéenne; elles ont eu aussi pour résultat immédiat de rendre moins regrettables les altérations que le temps et les insectes peuvent continuer d'apporter à ces deux collections historiques.

M. le colonel Serres, que nous avons eu depuis le malheur de perdre, publia en 1857 une *Note sur quelques espèces nouvelles ou controversées de la flore de France*; il s'était proposé dans ce travail, sinon de consacrer à son profit une question d'antériorité, du moins d'ajouter à la révision de M. Clos les observations qu'il avait recueillies pendant l'examen de l'herbier de Lapeyrouse, vingt années auparavant, à l'époque où, vivant parmi nous, il écrivit la *Flore de Toulouse*. Il est fort à désirer que les manuscrits qu'il a laissés et que l'on dit considérables ne soient pas perdus pour la science, ni pour le Midi qu'ils intéressent spécialement.

La dernière publication concernant les Pyrénées est l'ouvrage de M. Zetterstedt, qui a pour titre : *Plantes vasculaires des Pyrénées principales*. Imprimé à Montpellier, en 1857. C'est à Montpellier que le botaniste suédois a écrit son livre. Il s'est attaché à comparer la végétation des Pyrénées centrales avec celle des Alpes scandinaves, et son étude lui a permis de constater des rapports fréquents entre les plantes alpines notamment des deux régions.

Avant de clôturer ma simple notice, j'éprouve le désir de consacrer un souvenir à la mémoire des botanistes qui, dans cette région, ont apporté à la science une large part de zèle et de lumières, un dévouement qui a duré comme leur vie; de noter les collections qu'ils ont laissées, et de signaler les hommes qui sont en ce moment les apôtres de nos modestes et inoffensives études, les guides des botanistes à venir!

Omer Colomiés, enlevé à la fleur de l'âge à la tendresse d'une famille qu'il chérissait, aux relations de ses nombreux amis, n'eut pas le temps de publier une florule de la Haute-Garonne qu'il avait conçue sur un plan original. Son herbier, composé exclusivement de plantes phanérogames de Toulouse et des environs des Eaux-Bonnes et de Biarritz, est conservé par sa famille; il a été revu par M. Bubani.

L'herbier d'Aimé de Forestier, contenant la flore française et espagnole et spécialement les plantes de Corse, est actuellement déposé au Musée de Pau. Nous avions confondu avec ce regrettable ami nos recherches cryptogamiques dans toute la chaîne des Pyrénées.

Coder, de Prades, avait formé une collection de plantes desséchées très-nombreuse, qui aida Lapeyrouse à terminer sa flore, et qui fut habilement utilisée en 1815 par Decandolle, lorsqu'il écrivit la *Flore française.* Elle devait un jour rentrer dans l'herbier public de la ville de Perpignan, aussitôt qu'il aurait classé et déterminé chaque exemplaire. Coder avait l'habitude de ne rien noter ; il comptait sur sa mémoire qui était des plus heureuses, mais une blessure accidentelle qu'il reçut à la tête en assistant à un viatique, le conduisit au tombeau à l'époque où il remaniait son herbier pour le céder à la ville. Cet herbier est conservé à Perpignan par M. Coder fils. M. Bubani s'est chargé en dernier lieu de le mettre en ordre.

M. Sarrat de Gineste, botaniste zélé et infatigable, a, pendant dix années, secondé, à Toulouse, M. Moquin-Tandon dans la culture de la botanique, qu'ils savaient si bien faire aimer des jeunes naturalistes réunis auprès d'eux. La chaîne entière des Pyrénées et les départements méridionaux ont été souvent explorés par ce botaniste. M. Sarrat de Gineste conserve aujourd'hui, à Marseille, sa collection générale de mousses, revue par M. Schimper, et qui a acquis par ses nouvelles relations une grande importance.

M. Boubée, le savant géologue pyrénéen, a réuni au Musée de Saint-Bertrand l'herbier des plantes cryptogames formé par Lapeyrouse, et dont il a bien voulu me permettre de faire la révision critique et descriptive.

Le Dr Viguier, élève de Decandolle, doyen des botanistes du Midi et auteur de la *Monographie des pavots*, continue ses promenades annuelles dans les Pyrénées et sur les Alpes. Il ne cesse d'étudier et de récolter les espèces critiques qu'il communique obligeamment à tous ses confrères dans la science.

L'herbier de Parenteau de Saint-Béat, où Lapeyrouse puisa de nombreuses indications, est en la possession de M. Montané, pharmacien à Moissac.

L'herbier du cabinet d'histoire naturelle de Perpignan renfermait, outre les plantes de la localité, un très-grand nombre d'espèces des pays voisins ou du nouveau continent, données par Gouan, par Broussonnet, par Pourret, Amouroux, Barrera, etc. Lorsqu'il a été réorganisé par le Dr Companya, dans l'ordre du prodrome de Decandolle, ce botaniste, aussi habile que généreux, y a introduit ses propres récoltes dans les diverses vallées du département.

M. Carlier, chirurgien-major en retraite, a étudié la végétation des bassins pyrénéens à l'époque où il était chargé du service de l'hôpital de Mont-Louis. Son herbier est réuni aujourd'hui à la collection de la ville.

MM. Zatard de Prat de Mollo et Barrère ont encore enrichi la collection publique. Le capitaine Colson, le Dr Pagès-Carrière, qui a formé une série cryptogamique précieuse, M. Henri Moucheux, etc., comptent encore au nombre des collaborateurs zélés de l'herbier départemental.

Si le botaniste étranger qui arrive aux Eaux-Bonnes recherche un guide obligeant, ou l'opinion d'un maître, qu'il s'enquière de Gaston Sacaze, le berger botaniste de Bagès-Béost, qui s'est élevé lui-même, par la seule force d'une volonté persévérante, de la modeste condition où il est né, jusqu'à un degré marquant dans la science. Quand il aura connu cet homme surprenant, il partagera, j'en suis assuré, l'admiration qu'il causa à M. Georges Bentham, et il aura le désir de lui dédier, comme fit le naturaliste anglais, la première nouveauté botanique de son voyage (1).

CONCHYLIOLOGIE.

Denis de Montfort, Lamarck, Péron, d'Audebard de Férussac, Latreille, Boissy, Duméril, de Blainville, Alcide d'Orbigny et Deshayes avaient établi dès 1835 des systèmes de malacologie s'écartant peu de la méthode primitive du savant Cuvier. Sans parler des conchyliologistes anatomistes qui ont considéré avec juste raison que l'étude de l'animal était la partie la plus importante de la science des mollusques, les travaux particuliers des savants contemporains ont mieux fait connaître certains ordres, certains genres placés d'abord au hasard, faute d'études complètes, et ces travaux ont contribué à former la classification généralement admise aujourd'hui.

Parmi les ouvrages généraux, je citerai : 1o La nouvelle édition de l'*Histoire naturelle des animaux sans vertèbres*, de Lamarck, achevée en 1840, revue et augmentée des faits nouveaux dont la science s'est enrichie, par MM. Deshayes et Milne Edwards. Les tomes VI, VII, VIII et IX sont affectés à l'histoire des mollusques. 2o Les *Illustrations conchyliologiques* de M. Chenu, la *Bibliothè-*

(1) M. Bentham lui a dédié le *Lithos permum Gastoni*.

que, etc., du même auteur, et les *Leçons élémentaires*, livre aujourd'hui populaire et qui n'a pas peu contribué, par ses nombreuses figures et son bas prix, à répandre le goût de cette portion intéressante de l'histoire naturelle. Je mentionnerai encore la magnifique *Histoire des mollusques* de M. de Férussac, continuée, à partir de la vingt-huitième livraison, par M. Deshayes. La perfection des figures et l'exactitude des descriptions placent cet ouvrage au premier rang de ceux qui doivent composer la bibliothèque de tous les amateurs de coquilles. M. Kiener continue ses *Monographies*; la partie iconographique est toujours exécutée avec une rare perfection. M. Benjamin Delessert a publié en 1841 un splendide ouvrage, le *Recueil des mollusques décrits par Lamarck et non encore figurés*. Enfin, l'*Histoire naturelle des mollusques terrestres et fluviatiles de la France*, publiée par M. Moquin-Tandon en 1855, qui a été écrite dans nos murs, et où le Midi compte pour un large tribut d'observations neuves et critiques de la part de son savant auteur. Draparnaud avait publié en 1805 l'*Histoire des mollusques de France*, et M. Michaud avait donné quelques années plus tard un supplément; mais ces ouvrages, outre qu'ils étaient devenus fort rares, ne répondaient plus aux besoins de la science, parce que le nombre des coquilles découvertes et connues était bien plus considérable que celles qu'ils mentionnaient. La première partie de l'ouvrage de M. Moquin-Tandon comprend les études sur l'anatomie et la physiologie des mollusques; la seconde, la description et l'illustration particulière des genres, des espèces et des variétés.

Les faunes conchyliologiques, les catalogues départementaux et quelques bons travaux de physiologie et d'anatomie des mollusques ont reçu dans nos contrées méridionales une heureuse publicité ou un complément utile au moyen de leur réimpression.

Avant de publier son *Histoire des mollusques de France*, M. Moquin-Tandon inséra dans les actes de la Société linnéenne de Bordeaux (1848) un mémoire très-curieux sur l'anatomie des mollusques terrestres et fluviatiles; ce même savant, répondant aux quatorzième et quinzième questions du programme du Congrès de 1852, avait déjà émis ses idées sur les *sénestrorsités normale et anormale*, et sur les *coquilles à double ouverture*. — Les mollusques monstrueux de nos contrées, et en particulier ceux des environs de Toulouse, constituaient une petite mine physiologique qui méritait d'être exploitée. L'étude que j'ai faite comprend tous les degrés de l'hémitérie et de l'hétérotaxie, les divers cas de nanisme et de géantisme, de scalairité, d'enroulement dextre ou sénextre anormal, d'albinisme, etc., de vraie et fausse bicéphalie, observés par moi ou par mes correspondants. M. Moquin, dans ses *Observations sur le sang des planorbes*, releva en 1851 une erreur de Cuvier, répétée par Brard, en démontrant que la liqueur rouge qui sort de l'étroit espace situé entre la marge du manteau et la coquille de ces mollusques est du sang véritable, rouge, rougeâtre ou rose, selon les espèces. — Le même auteur publia en 1851 un *Mémoire sur l'organe de l'odorat chez les gastéropodes terrestres et fluviatiles*, et put conclure que ce sens chez les mollusques à tentacules oculés avait son siége dans le bouton terminal de ces mêmes tentacules ; que le renflement nerveux de ce bouton était une papille olfactive et que le nerf tentaculaire était le nerf de l'olfaction. — *Quelques faits d'embryogénie des ancyles* furent publiés par M. Gassies en 1851, et suivis en 1852 d'*Observations relatives aux accouplements adultérins de certains mollusques terrestres*. — M. Fischer publia à Bordeaux, dans la même année, son *Mémoire sur l'érosion du test chez les coquilles fluviatiles univalves*. — Le genre rissoaire, créé par M. de Freminville, qui a été successivement étudié par MM. Anselme Desmarest et Michaud, est devenu l'objet des recherches assidues de M. Ponsan.

Au nombre des publications descriptives qui tiennent le premier rang dans le Midi, on doit citer le *Précis analytique de l'histoire naturelle des mollusques terrestres et fluviatiles qui vivent dans le bassin sous-pyrénéen*, publié par M. le Dr Noulet en 1834. Cet ouvrage fut le point de départ de recherches ultérieures, dans lesquelles M. le professeur Moquin-Tandon put utiliser ses connaissances spéciales et son zèle infatigable. Les mémoires de l'Académie des Sciences de Toulouse mentionnèrent après cette époque quelques nouvelles espèces ou variétés de mollusques devant accroître la faune toulousaine. En suivant un ordre de localités pour l'appréciation des études conchyliologiques, c'est ici la place de la mention toute spéciale qui est due aux recherches patientes et consciencieuses de MM. Sarrat de Gineste et O. Colomiès. Le premier a fait une chasse permanente de dix années, de 1840 à 1850, aux mollusques terrestres et fluviati-

3

les des environs de Toulouse, du Tarn, de l'Aude, de l'Aveyron et
de la chaîne entière des Pyrénées; il pourvut généreusement les
cabinets de plusieurs villes de France, notamment celui de la Faculté des Sciences de Strasbourg, et forma la plupart des collections
d'amateur qui subsistent encore. Le second, malheureusement
enlevé jeune encore aux sciences, dont il était le disciple favori,
avait réuni une collection nombreuse d'espèces et de variétés.

M. Alfred de Saint-Simon, anatomiste expérimenté, publia en
1848 la première décade de ses *Micellanées malacologiques*, où il
décrivit plusieurs mollusques terrestres et fluviatiles nouveaux.
Trois provenaient de notre département : les maillot et cyclostome
de Partiot, et la paludine Simonienne, rappelant des noms chers
à la science et à la ville de Toulouse. Dans sa deuxième décade,
qui parut en 1856, M. de Saint-Simon donna à ses études un
caractère plus anatomique et fournit ainsi des matériaux nouveaux
pour la classification. Les calculs de dimension qu'il releva pour les
organes internes des mollusques excitèrent un vif intérêt parmi les
naturalistes initiés aux difficultés des analyses microscopiques.

M. Paul de Reyniès, que des recherches assidues dans les environs
de Montauban et d'Agen ont fait connaître comme excellent naturaliste observateur, prépare depuis longtemps une *Faune des inver-
tébrés du Quercy*. On lui doit la description de quelques nouvelles
espèces de mollusques fluviatiles, telles que les paludine des rochers
et conoïde, et la mulette d'Ardus.

M. le professeur Numa Joly, dont les *Mémoires de l'Institut*, les
Annales des sciences naturelles et toutes les publications scientifiques de notre cité contiennent de fréquentes études d'anatomie et
de zoologie, découvrit en 1842, aux environs de Toulouse, un petit
crustacé fluviatile qui offrait plusieurs rapports de ressemblance
avec les genres *Limnadie* et *Cyzcius*, et qui néanmoins lui parut
devoir former, à raison de ses caractères, un genre nouveau, le
genre *Isaura*, qui rappelle la femme célèbre que Toulouse a vue
naître et la localité où l'animal a été rencontré pour la première
fois. Ce genre compte aujourd'hui trois représentants en Europe et
un quatrième en Afrique.

Sans cesse stimulés par les bienveillants encouragements du maître, par ses conseils, par la vue des belles collections qu'il avait
formées, MM. de Moncalm, Lespès, Conduché et d'autres encore

suivirent la route frayée par M. Moquin-Tandon; ils étudièrent avec fruit la faune toulousaine, ou posèrent les jalons de la partie de la science malacologique qui leur était la plus sympathique. Parmi nous, M. Léon Partiot se distinguait par son zèle toujours soutenu. Le genre cyclostome, remarquable entre autres par son ouverture arrondie et ses bords réfléchis en dehors, médiocrement représenté en France, mais très-nombreux en espèces exotiques, devint son étude de prédilection. Aussi M. Partiot offrit-il bientôt à ses amis la *Monographie* de ce genre intéressant, qui est encore fréquemment consultée par les conchyliologistes.

Le département de Lot-et-Garonne, qui revendique les noms à jamais célèbres des Palissy, des Lacépède, des Bory de Saint-Vincent et de quelques autres bien moins renommés qu'eux dans la science, n'avait pas encore donné des publications intéressant l'étude de ses mollusques, de leurs coquilles et de leur habitat particulier avant les écrits de M. Gassies. Ce naturaliste a le mérite d'avoir rationnellement expliqué en 1844, par une série d'observations complètes, le phénomène de la troncature de la coquille du bulime décollé, mentionné par Brisson en 1759. Cinq ans plus tard, il a publié le *Tableau méthodique et descriptif des mollusques de l'Agenais*. En 1855, la description des *Pisidies*, observées à l'état vivant dans la région du sud-ouest de la France, et diverses notes sur les mollusques à ajouter à la faune girondine.

M. Farines, naturaliste à Perpignan, conserve à peu près encore le monopole des études conchyliologiques dans le département des Pyrénées-Orientales. En 1834, il consacra le souvenir du ruisseau de Pia, où il avait rencontré une mulette nouvelle, et dédia à MM. Xatard et Des Moulins, noms chers aux sciences naturelles, deux hélices nouvelles propres aux endroits frais et gazonnés de la montagne des Albères. Ses nouvelles observations, jointes aux études de ses confrères, MM. Campanyo et Paul Massot, forment les matériaux d'une bonne faune départementale. Une localité de cette contrée a été rendue célèbre, il y a quelques années, par la découverte de la belle panopée fossile, nommée par M. Valenciennes *Panopea Arago*.

Les Basses-Pyrénées et la chaîne occidentale de ses montagnes inspirèrent en 1843, à M. Mermet, une histoire des mollusques terrestres et fluviatiles calquée à peu près sur le plan du précis analytique de M. Noulet. Ce travail, qui accuse la collaboration de MM. Henri Burguet, Darracq, Gaston Sacaze et Lavaissière, mentionne pour les Pyrénées occidentales 127 espèces de mollusques ; les stations sont très-soigneusement indiquées.

M. l'abbé Dupuy, auteur d'une *Histoire* récente *des mollusques de France*, avait déjà publié en 1842 son *Essai sur les mollusques terrestres et fluviatiles, et leurs coquilles vivantes et fossiles du département du Gers.* Cet excellent catalogue, auquel coopérèrent MM. Sentets, Roux et E. Lartet, a contribué à répandre dans le pays auscitain le goût de l'étude des sciences naturelles. Il contient l'iconographie de la mulette nouvelle dédiée à M. Moquin.

La malacologie du département de la Gironde et des Landes a continué d'être heureusement étudiée par MM. Des Moulins, Grateloup et Léon Dufour. Après avoir recensé avec soin les espèces locales, M. Grateloup a formé le *Tableau statistique et géographique des mollusques terrestres et fluviatiles vivantes ou fossiles de la France continentale ou insulaire.* Dans l'année 1855, cet auteur a encore publié sa *Géographie malacologique*, où il indique avec un soin remarquable la distribution normale des mollusques vivants de l'Europe.

L'intéressant mémoire sur les *Pleurotomes*, publié en 1842 par M. Ch. Des Moulins, fournit à un autre savant conchyliologiste, M. Recluz, qui prépare un grand ouvrage sur les mollusques marins de nos côtes, l'occasion de compléter la synonymie de ce genre curieux et de déterminer la véritable antériorité des dénominations. Les recherches du savant naturaliste de Vaugirard, concernant la nomenclature binaire appliquée à la conchyliologie, lui ont permis de constater l'erreur admise jusqu'alors qu'Adanson en avait été le créateur en 1757, tandis que Linné avait déjà employé la nomenclature bi-nominale en 1749, dans le tome 1er des *Amenitates academicæ*.

M. Bourguignat, auteur de plusieurs ouvrages malacologiques remarquables, a publié à Bordeaux en 1856 la monographie des espèces françaises du genre *Sphærium* avec un catalogue des sphéries fossiles (*Cyclas* de Bruguière).

L'Aude et l'Aveyron sont demeurés un peu en retard dans ce concert de publications locales. Cependant la malacologie de ce premier département est suffisamment connue par les études et les collections de M. Roland du Roquand , dont le goût pour l'histoire naturelle est héréditaire dans sa famille, et qui a publié en 1844 un travail complet sur la famille des rudistes. M. Adolphe de Barrau a fait de son château de Carcenac un véritable musée. Toutes les productions naturelles de la riche contrée qu'il habite , et en particulier les mollusques terrestres et fluviatiles de l'Aveyron , sont collectionnés chez cet amateur éclairé qui peut mieux que tout autre en publier une étude complète et raisonnée.

Le Congrès méridional de 1835 eut les prémices de la première livraison de l'*Iconographie conchyliologique* de Polydore Roux. Ce recueil splendide de planches représentant les coquilles marines , fluviatiles , terrestres et fossiles ne devait pas être continué; malheureusement une mort prématurée enlevait le savant marseillais à la science et à ses nombreux amis, dès les débuts de cette utile publication. — M. Moquin-Tandon publia , en 1850 , la monographie du genre parmacelle, et décrivit la *P. Gervaisii*, Moq., espèce nouvelle découverte aux environs d'Arles par M. Faïsse en 1847, et qui enrichissait la malacologie française d'un genre très-curieux considéré jusqu'alors comme exclusivement exotique. — M. Cantraine a continué l'œuvre de Polydore Roux, en 1840 ; sur un cadre plus modeste, il est vrai, dans sa *Description des mollusques qui vivent dans la Méditerranée*. En 1851 , M. Petit a complété ce dernier travail par le *Catalogue des coquilles marines de la France*.

Tout récemment, M. Gay a fait connaître en 1857, les mollusques du département du Var, un des plus riches de la France en coquilles, puisqu'il en contient plus de 500 espèces. Le travail descriptif de ce conchyliologiste, quoiqu'il ne soit pas encore achevé, complète le *Prodrome du Var*, publié en 1853 , qui ne donne pour les mollusques ni description ni synonymie. M. Gay a eu le soin d'indiquer pour chaque mollusque la meilleure figure publiée , et de poser une règle pour la détermination et la dénomination des espèces, que les conchyliologistes devraient toujours observer, c'est la conservation ou le rétablissement du nom spécifique donné par le premier descripteur. Le nom générique, ainsi que le pense M. Gay, pourra changer plusieurs fois, si des découvertes subséquentes , des observations plus attentives font connaître une erreur dans la détermination du genre ou la création d'un genre nouveau , mais le nom spécifique ne doit jamais changer. En effet , sortir de cette règle, c'est introduire une confusion déplorable dans la synonymie.

Nous devons encore des regrets à la mémoire de l'excellent Requien, fondateur du Musée d'Avignon, qui en 1848 avait donné le nouveau catalogue des mollusques de l'île de Corse, rendu doublement nécessaire par la rareté et par l'insuffisance de l'ouvrage de Payraudeau, dont la publication remonte à 1826. Les espèces critiques, échappées aux observations de Payraudeau ou confondues par ce naturaliste avec les espèces déjà connues et rapportées par Requien, ont été confiées à MM. Monquin-Tandon et Saint-Simon, qui pourront bientôt ajouter un supplément au catalogue du naturaliste avignonais. — Un des genres vulgaires et largement représenté dans la Méditerranée, le genre *Murex*, a été l'objet de mes recherches particulières en vue de la publication d'une monographie. — L'étude des testacelles et la culture, si je puis m'exprimer ainsi, des curieux animaux de ce genre, recueillis à Aix et à Bordeaux, ont fourni à MM. Gassies et Fischer le sujet d'une importante étude. Leur mémoire comprend l'histoire, la classification, la description, l'anatomie et la géographie du genre.

Quoique peu répandus et encore absents dans les bibliothèques publiques, les grands ouvrages de conchyliologie, publiés par MM. Delessert, Kiener, d'Orbigny, Rossmassler, Sowerby, Reeve, etc., n'ont pas été cependant inaccessibles à quelques amateurs privilégiés du Midi; leur connaissance a produit une heureuse influence, dont les études locales n'ont pas tardé à ressentir les effets. Le *Magasin périodique zoologique* de M. Guérin-Menneville a cessé de paraître dès 1845; une œuvre aussi populaire, le *Journal de conchyliologie*, créé par M. Petit de la Saussaye et successivement dirigé par MM. Fischer et Bernardy, a continué depuis cette époque, par ses monographies et ses figures de coquilles nouvellement découvertes, de signaler les progrès de la conchyliologie, de soutenir le zèle et l'intérêt des amateurs, en contribuant à augmenter leur nombre et à enrichir les collections.

Toulouse possédait en 1835 des cabinets importants de coquilles, notamment celui bien souvent cité de M. Béguillet, naturaliste, administrateur éclairé, mort en 1843. Elève de Lapeyrouse, il avait pris une part active à l'iconographie de son ouvrage. Les études botaniques auxquelles M. Béguillet se livra avec ardeur développèrent en lui le goût des autres sciences et l'amour des collections. On voyait dans son cabinet 10,000 coquilles remarquables par leur état de conservation et de fraîcheur; 1,400 oiseaux, la plupart exotiques; 20,000 insectes, quelques-uns fort rares, et une infinité d'autres séries appartenant à l'histoire naturelle. Ce riche dépôt, qui avait coûté à son auteur un temps considérable, fut dispersé en quelques jours. Une portion passa dans le cabinet du séminaire de Toulouse, et quelques séries de coquilles formèrent le noyau de ma propre collection. Les cabinets de MM. Desclassan, Serigne et de Roquemaurel eurent à peu près le même sort que celui de M. Béguillet. Cette fragilité des dépôts particuliers, qui ont atteint cependant une importance scientifique réelle, doit faire recommander au point de vue de l'étude la formation de collections publiques au moins au chef-lieu des départements, où elles doivent servir d'annexes aux établissements d'instruction qu'ils renferment.

La ville de Montauban a bien compris notre pensée, car elle a créé en quelques années une galerie d'histoire naturelle, qui dans le Midi occupe le premier rang. Toulouse est à la veille de posséder aussi dans les dépendances du Musée actuel cette annexe de ses établissements scientifiques. L'administration municipale, agréant la demande réitérée de l'Académie des Sciences, fait approprier les locaux qui pourront recevoir tout d'abord le dépôt que je suis prêt à effectuer de ma collection conchyliologique (1).

GÉOLOGIE ET PALÉONTOLOGIE.

Les recherches géologiques et paléontologiques ont été poussées avec ardeur dans le Midi depuis 1835, et étudiées avec soin par les savants dont je vais analyser les travaux.

Dans son mémoire sur le terrain tertiaire du bassin du midi de la France, M. Dufrénoy appliqua le premier dès 1836, aux terrains de l'Aquitaine, la subdivision en trois étages. M. Grateloup, en publiant la même année son mémoire de géo-zoologie sur les oursins fossiles des calcaires de Dax, attribua au terrain crétacé les

(1) Voir dans l'*Annuaire de l'Académie des Sciences de Toulouse*, pour l'année 1859, une notice sur ma collection conchyliologique et sur le musée d'histoire naturelle projeté

dolomies de cette localité, classées précédemment dans le calcaire alpin ; il examina les faluns, et le premier il les divisa en deux groupes. M. d'Archiac publia l'année suivante, sur la formation crétacée du sud-ouest de la France, un mémoire dans lequel il attribuait, avec raison, le soulèvement de la craie de Tercis au système des Pyrénées, tandis que les calcaires tertiaires de Lesperon n'auraient été relevés que plus tard par les diorites. De 1834 à 1840, M. Grateloup donna le tableau des coquilles fossiles des terrains tertiaires des environs de Dax, diverses monographies de coquilles du même bassin et un tableau statistique dans lequel 700 espèces furent énumérées.

M. Gindre, ingénieur des mines, publia en 1840 un mémoire géologique sur les environs de Bayonne, dans lequel il démontra l'impossibilité d'y trouver de la houille, mais où il révèle toute l'importance jusqu'alors ignorée du kaolin de Louhossoa, connu sous le nom de pétunzé et propre au *fondant* et à *la couverte* de la porcelaine. — Dans la même année, M. Gras fit paraître la statistique minéralogique des Basses-Alpes, et en 1841 M. François un travail du même genre pour le département de l'Ariége.

M. Marcel de Serres publia en 1841, sous le titre de *Notice*, un travail d'ensemble sur la géologie du département de l'Aveyron, qui avait déjà attiré l'attention de MM. Blavier, Dubosc, Combes, Dufrénoy et de Barrau. Trois ans après, M. Fournet décrivit les filons métallifères de ce département.

Un zélé collaborateur de la *Paléontologie française* de M. d'Orbigny, qui avait déjà enrichi la science de plusieurs travaux importants, M. Matheron, publia en 1842 le *Catalogue des corps organisés fossiles du département des Bouches-du-Rhône*. Dans ce travail descriptif et systématique est compris un mémoire sur les terrains supérieurs au grès bigarré du sud-est de la France, ainsi que 41 planches représentant les fossiles nouvellement connus.

M. Lagrèze-Fossat recueillit en 1842, aux environs de Moissac, des fragments d'un *anthracotherium magnum*, Cuv. (*animal du charbon*). Cette localité est restée jusqu'à présent la seule où l'on ait découvert des restes de cet animal perdu.

Sous le titre de *Notes géologiques sur la Provence*, M. Marcel de Serres, ce glorieux vétéran de la géologie, se proposa en 1843 de compléter le voyage scientifique qu'il avait fait avec

MM. Paretto et Tournal en 1828. Cette fois son étude avait pour
objet de reconnaître si les terrains tertiaires des bassins immergés
ne sont pas, généralement, composés de deux ordres de formations
alternant et s'enchevêtrant, de manière à annoncer que leur ensemble a été déposé dans le sein d'un même liquide. Cet important travail comprend une énumération méthodique des végétaux
et des animaux découverts dans les terrains des environs d'Aix.
Dans son résumé l'auteur déclare l'absence du terrain tertiaire
marin inférieur en Provence.

En 1843, M. Frizac publia un mémoire qui a pour titre : *Le
pavé de Toulouse considéré sous quelques rapports géognostiques.* Cet
intéressant travail, qui se rapporte aux plus anciennes formations
en masses de la partie moyenne des Pyrénées, fournit les rudi-
ments de la composition de la chaîne entière. Il a eu pour résultat
aussi de signaler aux naturalistes qu'ils ont sous la main, dans nos
rues, notamment sur nos graviers, un vaste cabinet de pétrologie
sans cesse ouvert aux curieux, à toute heure, sans voyages et
sans frais.

M. Pratt publia en 1843 une notice sur la géologie des environs de Bayonne. — M. d'Orbigny exposa, dans les actes de la
Société linnéenne de Bordeaux de la même année, son opinion
relativement aux terrains nummulitiques, qu'il considérait comme
représentant, dans le Midi, les sables inférieurs du Soissonnais. Ce
rapprochement fut appuyé par M. d'Archiac et combattu par
M. Dufrénoy. — En même temps M. de Callegno proposait, dans
les *Annales des sciences géologiques*, de séparer les dépôts caillouteux des environs de Pau du terrain diluvien proprement dit.
— Les mêmes *Annales* renfermèrent en 1844 un mémoire de
M. Deshayes, rectifiant l'opinion émise par lui en 1830, et rattachant au terrain tertiaire inférieur les fossiles de Biarritz, recueillis
par M. Pratt.

M. Roland du Roquan, publia en 1844 une *Notice géologique
sur le département de l'Aude*, qui fut d'autant mieux accueillie que
le sujet avait été traité bien sommairement et sans utilité pour la
science dans la statistique du baron Trouvé.

M. Torent écrivit en 1846 un *Mémoire sur la constitution géologique des environs de Bayonne*, où il établit que le soulèvement
des Pyrénées n'aurait affecté que les terrains crétacés et que les ter-

rains nummulitiques, auxquels il attribue une puissance de près de
2,000 mètres, n'auraient été disloqués que par les diorites. Peu de
temps après, M. d'Archiac publia un premier mémoire intitulé :
*Description des fossiles recueillis par M. Torent dans les couches à
nummulines des environs de Bayonne.* 106 espèces furent reconnues.

M. Constant Prévost, dans sa notice sur le gisement des fossiles
de Sansan, fit l'application de sa théorie des affluents au mode de
formation des terrains tertiaires du sud-ouest de la France pendant la période miocène. Je viens de nommer le *dépôt de Sansan*,
qui, pour certains géologues, était un simple accident d'hydrographie
ancienne, et pour d'autres un petit lac où auraient vécu les espèces aquatiques, et qui serait devenu le tombeau des animaux terrestres entraînés par des eaux torrentielles. Découvert en 1834,
ce dépôt singulier fut annoncé l'année suivante dans le *Bulletin de
la Société géologique ;* MM. Guizot et de Salvandy, ministres de
l'instruction publique, accordèrent successivement des fonds pour
l'ouverture des fouilles. Les communications intéressantes de
M. Lartet, faites à l'Académie des sciences ; la visite de M. Constant Prévost sur les lieux, déterminèrent l'acquisition de ce dépôt
par l'Etat en 1847. M. Lartet a publié récemment une notice sur
les diverses espèces d'animaux vertébrés fossiles, trouvés à Sansan
et dans quelques autres gisements du terrain tertiaire miocène du
bassin sous-pyrénéen, mais il a annoncé un travail plus complet
dans lequel il entreprendra probablement l'étude encore à faire
des oiseaux et des poissons du remarquable ossuaire du département du Gers.

En 1847 et 1848, M. Delbos proposa un nouveau classement
des terrains du bassin de l'Adour, et publia une notice sur les
faluns du sud-ouest de la France ; ce géologue préparait, sur le
même bassin et sur l'âge et le classement des terrains nummulitiques, un travail remarquable qu'il a publié tout récemment. —
M. Raulin, dans son nouvel essai de classification des terrains
tertiaires de l'Aquitaine, qui parut en 1849, rapporta au sable
des Landes les grès de la Chalosse, et au diluvium les dépôts
caillouteux du Béarn. Le même auteur, dans son mémoire intitulé :
*Faits et considérations pour servir au classement du terrain à
nummulites,* considéra ces terrains comme représentant le véritable terrain éocène. M. Raulin appliqua ensuite au bassin du sud-

ouest, dans sa *Dissertation sur quelques-unes des dernières révolutions du globe*, la théorie des systèmes de soulèvement. — M. d'Archiac porta en 1850, dans un deuxième mémoire, à 303 le nombre des espèces nummulitiques de l'Adour, dont 249 déterminées. — A la même époque parut la description des fossiles des terrains éocènes des environs de Pau, par M. Rouault. 144 espèces furent mentionnées, et le parallélisme du lambeau de Bos d'Arros avec le terrain éocène Parisien fut constaté. — La même année vit encore paraître le complément du *nivellement barométrique de l'Aquitaine*, commencé par M. Raulin en 1848. Ce grand travail fit connaître l'orographie presque ignorée jusques-là du sud-ouest, et donna un grand nombre de côtes d'altitudes indispensables dans les recherches géognostiques.

M. l'abbé Dupuy, connu par diverses publications scientifiques, envoya au concours de l'Académie des Sciences de Toulouse, de l'année 1856, un mémoire géologique sur la portion du département du Gers comprise dans le bassin sous-pyrénéen. Quoique ce travail n'ait pas été couronné, la commission académique reconnut qu'il ajoutait plusieurs bonnes déterminations à la faune du terrain miocène du bassin.

La géognosie du département de Lot-et-Garonne a été esquissée en 1850 par M. Bartayrès, qui a déposé dans le Musée d'Agen, dans l'ordre de son mémoire, la collection de tous les terrains, roches et fossiles qu'il a énumérés. Un amateur peut en quelques heures et sans changer de place parcourir et visiter tout le département. — L.-A. Chaubard, auteur des *Eléments de géologie*, donna en même temps une nouvelle édition accompagnée d'une troisième partie de la *Notice géologique sur les terrains du département de Lot-et-Garonne* (ancien Agenais), qu'il avait publiée avec la collaboration de M. de Raignac. Dans cette troisième partie, l'auteur établissait une comparaison ingénieuse des terrains du bassin de la Seine avec ceux du bassin de la Garonne.

Dans la même année, M. Fournet publia, dans les *Mémoires de la Société des sciences de Lyon*, des études considérables sur la géologie des Alpes.

Une discussion pleine d'intérêt eut lieu à Toulouse, durant la session du Congrès scientifique de 1852, entre MM. de Caumont, de Verneuil et Boubée, au sujet de l'existence du terrain néocomien dans les Pyrénées et sur le versant espagnol. Il fut démontré que ce terrain était distinct de la formation crayeuse, à Arudy, à Saint-Bertrand, etc.

Je publiai en 1852 la première partie de mon *Voyage géologique à Saint-Féréol et à Lampy*. Cette étude porta principalement sur les terrains massifs et métamorphiques de la montagne Noire. Je citai aussi les minéraux qui se trouvent dans ces terrains. L'année suivante je donnai la deuxième partie, comprenant la carte géologique et géognostique des terrains massifs de la montagne et des terrains stratifiés qui viennent se limiter à ses pieds.

M. E. Conduché, que quelques essais dans l'étude des sciences naturelles avaient fait distinguer de bonne heure dans notre ville, communiqua par mon entremise en 1853, à la Société des sciences de Montauban, un *Mémoire sur la formation tertiaire éocène d'eau douce de Vallemagne* (Hérault), complétant les recherches de M. de Rouville, et les renseignements donnés sur cette localité par M. Marcel de Serres.

M. Leymerie, qui avait déjà dressé la carte géologique de l'Aube sur un plan nouveau, sanctionné par l'Institut, et qui avait exécuté depuis sur le même cadre la carte de l'Yonne, fut chargé en 1844 de continuer la carte de la Haute-Garonne, commencée par M. l'ingénieur François. Dans la même année, cet habile géologue communiqua à l'Académie des Sciences un résumé de la statistique géologique et minéralogique de notre département, qui devait être le point de départ des cartes et du texte qu'il allait écrire. Continuant la même étude, M. Leymerie fit connaître en 1846 la coupe des collines comprises entre Mancioux et l'Escalère, au sud de Saint-Martory, comprenant une grande partie du système crétacé des basses montagnes de la Haute-Garonne. — Dans un mémoire qui a pour titre : *Note sur le terrain de transition supérieur dans la Haute-Garonne*, M. Leymerie a prouvé d'une manière irrécusable l'existence, dans les environs de Saint-Béat, des systèmes devonien et silurien supérieur, et a confirmé l'exactitude des superpositions qu'il avait indiquées dans sa belle coupe de la vallée d'Aran. Les espèces de fossiles les plus significatives citées par M. Leymerie dans son mémoire sont la *Cardiola interrupta*, Brod, et l'*Orthoceras Bohemicum*, Barr., trouvées, la première à Saint-Béat, la deuxième à Marignac, et quelques représentants des genres Encrine et Trilobite. — Dans sa *Notice géologique sur le pays toulousain*, le savant professeur, après l'exposé des généralités géologiques, étudia les régions naturelles, les eaux souterraines, les matériaux utiles, et termina par des considérations agronomiques, travail qui fut inséré en 1852 dans le *Journal de la Société d'agriculture de la Haute-Garonne*. Les *Mémoires de la Société géologique* renferment depuis cette époque divers travaux du même auteur, éclairant des points obscurs ou contestés sur la constitution géologique de nos contrées méridionales. Dans une de ces études, il a démontré que les lignites d'Aix correspondaient exactement au calcaire d'eau douce de la montagne Noire. Dans ses *Observations sur le peu de probabilité de l'existence de la houille dans les contrées pyrénéennes*, M. Leymerie a fait connaître en 1850 les ressources qu'il est raisonnable d'attendre des gîtes de lignite pyrénéens. Dans l'étude qu'il a faite des terrains nummulitiques des Corbières, il n'admet pas un ordre de superposition fixe; il a été le premier à signaler en 1853 la présence de ces terrains à Fabas (Haute-Garonne). Il a en outre donné en 1856 des *Considérations géognostiques sur les échinodermes des Pyrénées*, un *Mémoire sur le terrain jurassique des Pyrénées françaises*. Dans une notice récente, le savant professeur a fait connaître la constitution géologique du massif d'Ausseing et du Saboth, situé au sud de Martres; il a cité 42 espèces de fossiles, dont 25 sont décrites et figurées comme nouvelles. Enfin, ses *Leçons élémentaires de minéralogie*, comprenant le résumé des expositions du cours public de la Faculté, sont un *memorandum* précieux pour les élèves et un ouvrage recherché par les gens du monde.

M. Pédroni a consacré le fruit de six années de courses variées dans la Gironde à la publication du catalogue minéralogique de ce département.

M. le Dr Noulet a fait connaître en 1854 les *dépôts pleistocènes des vallées sous-pyrénéennes*; il a cité, dans les *Mémoires de l'Académie des Sciences*, un certain nombre d'ossements fossiles propres à cette formation et provenant du sol occupé par Toulouse; ils consistaient en débris de cheval, retirés du lhem jaune, au quartier de Terre-Cabade. En 1855, le même naturaliste découvrit des restes de cerf et de cheval dans le dépôt terreux d'alluvion, à gauche du canal de Brienne. Témoignage que le cerf commun habitait nos contrées pendant la période gallo-romaine, sinon à l'état sauvage, tout au moins à l'état de domesticité. Il signala encore le premier, aux environs de Castres, des restes de *Paleotherium magnum* et *P. minus*, Cuv., et du *Lophiodon lautricense*, Noul.

Dans son premier mémoire sur les coquilles fossiles du calcaire lacustre inférieur au terrain à nummulites du département de l'Aude, le savant paléontologiste toulousain signala 10 espèces nouvelles particulières aux seules localités de Montolieu et de Conques. Dans le second mémoire, relatif aux coquilles du terrain éocène supérieur dans le bassin sous-pyrénéen, il mentionne 35 espèces, dont 18 étaient inconnues avant ses recherches. Le troisième mémoire concerne les coquilles du terrain d'eau douce miocène du même bassin. L'auteur décrit 62 espèces appartenant à 44 genres différents. Toutes ont cessé d'exister, à l'exception de 5 petites espèces de l'argile marneuse qui ont leurs analogues vivants.

Sous le titre de *Note sur les dépôts pleistocènes des vallées sous-pyrénéennes*, M. le Dr Noulet a fait connaître encore les fossiles qui ont été retirés de diverses localités comprises dans les bassins de la Garonne, de l'Ariége, du Tarn, du Lot, de la Baïse et du Gers. Cette note constatait dix-huit fois la présence de l'éléphant primitif dans dix-neuf gisements alors connus. Le rhinocéros à narines cloisonnées, le bœuf et le cheval se montraient dans plusieurs localités; mais le chat des cavernes apparaissait une seule fois dans l'ossuaire de Clermont, qui est le plus riche de la formation pleistocène.

Reconnaissant que l'étude des mollusques fossiles de notre bassin était plus négligée par les naturalistes que l'étude à peu près complète des animaux vertébrés de la même circonscription, M. le Dr Noulet décrivit en 1856 quelques coquilles nouvelles des genres *mélanie* et *mulette*. Son mémoire fut accompagné de 6 planches dessinées avec une grande exactitude par M. L. Lacaze.

M. le Dr Noulet a fait aussi connaître en 1855 que les concrétions calcaires qu'on rencontre aux environs de Castres, et qui pendant longtemps ont été dénommées dans les cabinets des curieux *Bijoux de Castres*, ou *Priapolithes*, contenaient parfois un noyau ou valve de coquille. Dès la connaissance de ce fait, les concrétions de Castres acquièrent un grand intérêt, puisqu'elles devaient fournir des éléments paléontologiques nouveaux et révéler les restes d'animaux d'eau douce appartenant à la fin de la période éocène. Le banc d'argile, au lieu appelé Gourjade, près de Castres, fournit à M. Léonce Roux, du Carla, plusieurs concrétions contenant une mulette particulière qui fut étudiée par M. le Dr Noulet et dénommée par lui *Unio Rouxii*, Noul. Cette découverte vint confirmer ce que le savant paléontologiste toulousain avait déjà dit touchant la faune de l'étage éocène supérieur du département du Tarn, qu'elle était distincte, soit pour les animaux vertébrés, soit pour les coquilles, de la formation éocène supérieure qui l'a précédée et de la couche miocène qui l'a suivie.

L'académie des Sciences de Toulouse décida, le 9 mars 1854, qu'elle décernerait des encouragements spéciaux aux personnes qui lui signaleraient et lui adresseraient des roches, des minéraux, des fossiles, des végétaux, etc. Cet appel eut les plus heureux résultats pour les études géologiques; car, dans la même année, l'Académie reçut : 1o de M. Saint-Martin, instituteur à Marignac (Haute-Garonne), des fossiles recueillis à Cierp, parmi lesquels M. Leymerie découvrit un type générique nouveau, voisin du genre *Encrinites;* 2o de M. Parayre, pharmacien, deux fragments de mâchoire recueillis dans un grès très-dur aux environs de Castres, et que M. Joly rapporta à une espèce du genre *Dicobune* appartenant aux terrains anciens de l'Angleterre. Depuis 1854, l'Académie reçoit communication de nombreux fossiles recueillis dans la Haute-Garonne et dans les départements circonvoisins; elle entretient le zèle des inventeurs en récompensant les envois utiles, et elle réserve les types qu'on ne lui réclame pas pour le futur musée d'histoire naturelle qu'elle se propose d'organiser.

M. Abadie, pharmacien au Fousseret (Haute-Garonne), communiqua à l'Académie une suite de fossiles extraits en 1856 des couches supérieures du terrain tertiaire des cantons du Fousseret, d'Aurignac et de Lisle-en-Dodon, qui permirent de mieux circonscrire la bande fossilifère déjà signalée. Sous le rapport paléontologique, la présence de débris d'un *chærotherium* (animal voisin des cochons) fut un fait presque nouveau, car jusqu'alors on ne l'avait cité qu'une fois, à Bonrepos.

M. de Malbos a publié en 1855 un *Mémoire sur les grottes du Vivarais*, dans lequel il démontre que ces dépôts diluviens sont entièrement composés de débris des montagnes de la Lozère, et que l'irruption fut subite, à en juger par les débris amoncelés confusément et les roches considérables entraînées à plus de 300 mètres sur les bords de Chassezac.

M. Lagrèze-Fossat a signalé la découverte d'une tortue fossile à Moissac, et a précisé l'âge et la constitution des terrains tertiaires des environs de cette ville.

M. Astier a publié enfin des observations très-concluantes qui tendent à réunir les deux genres *Ancyloceras* et *Crioceras* sous ce dernier nom générique. Leveillé et d'Orbigny avaient déjà fait connaître 16 espèces appartenant à l'étage néocomien des Basses-Alpes. M. Astier a ajouté à ce nombre 17 espèces nouvelles qu'il a figurées.

Il y a peu de jours encore, M. Chalande, zélé naturaliste, qui a décrit la formation de la molasse marine supérieure et plusieurs fossiles nouveaux des faluns de la Gironde, a retrouvé des ossements de tigre dans le terrain meuble qui recouvrait la mosaïque gallo-romaine dont j'ai signalé la découverte dans la rue Peyrolières et probablement dans les environs de l'ancien temple de la Daurade.

Le cabinet minéralogique et géologique de la Faculté des Sciences de Toulouse, formé dans le principe par Picot Lapeyrouse, renferme aujourd'hui plus de 9,000 échantillons, grâce aux soins de MM. de Charpentier, Alexandre Brongniart, Clausade, Moquin-Tandon, Leymerie, de Verneuil, François, Lartet, Dujardin, de Barrau, de Malbos, etc. L'exiguïté du local où sont déposées ces collections ne permet pas de les exhiber à la vue des visiteurs; plusieurs sont renfermées dans des tiroirs, d'autres sont encore emballées dans des caisses. M. Leymerie, dont la sollicitude est constante pour l'accroissement de ce précieux dépôt, a publié récemment une notice sur ses richesses, qui a révélé l'existence du cabinet au public toulousain. Puissent les projets de création de notre futur Muséum d'histoire naturelle ne rencontrer aucun autre obstacle et permettre enfin l'exposition des collections minéralogiques, plus importantes, au point de vue de l'enseignement, que celles non moins intéressantes de zoologie et de botanique!

www.ingramcontent.com/pod-product-compliance
Lightning Source LLC
Chambersburg PA
CBHW071318200326
41520CB00013B/2822